PSYCHOLOGY:
PRINCIPLES
IN EVERYDAY USE

超实用心理学

揭秘经典的心理学研究

李娟娟——著

中国法制出版社
CHINA LEGAL PUBLISHING HOUSE

前言

PREFACE

你想一探心理学世界的奥秘吗？那不妨从千奇百怪、妙趣横生的心理学研究着手，它会告诉你心理学家在做什么，以及他们是如何解开人类心理密码的。

心理学家如何把精神病科医生耍得团团转，以恶作剧的方式揭示一个严肃的事实？看看“假精神病人研究”就明白了。

车祸现场，人们匆匆走过，却不肯施以援手；大火熊熊燃烧，众人围观，却无人报警。是社会风气使然，人心越来越冷漠了吗？看看“责任分散研究”，我们就知道问题没那么简单了。

星座分析、血型分析和算命先生为什么能忽悠那么多人？“巴纳姆效应研究”揭开了其中的奥秘。

在提出一个让人为难的请求之前，不妨先提一个只需对方举手之劳就可以满足的小要求。这是为什么？“登门槛效应”告诉我们：得寸才能进尺。

每个心理学研究都是朝向心理学世界的一扇窗，相信会带给你意外的收获。

目录

CONTENTS

心理学家的恶作剧

——假精神病人研究

在心理学领域，有一种现象被称为“贴标签效应”，也叫做“暗示效应”。所谓贴标签效应具体是指，当一个人被以某个词语、名称贴上标签时，他就会自动进行自我印象管理，从而使自己的言行与所贴的标签相一致。就像有人被贴上了“慈善家”的标签，从此便越发高调地做慈善，各种令人啼笑皆非的消息层出不穷一样。

心理学家认为，贴标签效应之所以会起作用，主要是因为标签具有定性导向的作用，这个标签会对当事人的个性意识和自我认同产生巨大的影响。当然，这种导向是中性的，可能会朝着好的方向发展，也有可能会朝着坏的方向发展。当一个人被贴上某种标签后，往往会朝着标签所暗示的方向发展。除会对当事人产生影响外，还会让周围的人以标签的定义去看待当事人。例如如果一个人被贴上了“精神病人”的标签，那么不管这个人多么正常，也会被看成精神病人，即使是最专业的精神科医生和护士也不例外。

这不是假设，而是一项著名心理实验所得出的结论。这个假病人的实验与其说是一项心理实验，倒不如说是一场恶作剧，导演就是著名心理学家戴维·罗森汉。当然，罗森汉之所以选择做这个实验并不是为了搞什么恶作剧，而是受到了当时一种社会现象的启发。

1972 年，美国对越作战达到了一个高潮，开始在国内大量征兵。一些年轻人为了逃避参加战争的厄运就开始装病，以患有精神病为借口逃避征兵。罗森汉身边的许多朋友也是这样。这让罗森汉产生疑问，伪装成精神病并不困难，那么究竟有多容易呢？罗森汉决定做一个实验看看。

罗森汉一共招募了 8 名被试，其中还包括他自己。这 8 名被试由 3 名女性和 5 名男性组成。其中包括 1 名大学的研究生、1 名儿科医生、1 名画家、1 名家庭主妇、1 名精神病学家以及 3 名心理学家。在这 3 名心理学家中，除了罗森汉自己以外，还有一位著名的心理学家马丁·塞里格曼，也就是著名的习得性无助实验的实施者。

罗森汉打电话给塞里格曼的时候，塞里格曼很遗憾地表示自己最近很忙，恐怕没有时间参加这项实验。罗森汉为了争取塞里格曼这个被试，便向塞里格曼陈述了自己开展这项实验的创意。塞里格曼听后非常感兴趣，于是推掉了一切事务，兴冲冲地参加了。

但是，让塞里格曼没有想到的是，假扮精神病人是一件很不容易的事情。首先，塞里格曼和所有被试都需要在参加实验的前五天就开始练习，他们需要不洗澡，不刷牙，蓬头垢面地去精神病院。其次，他们还需要进行一项练习，这项练习十分重要，关系到被试的身心健康，那就是学会怎样不吃精神病院护士给的治疗精神病的药物，而且不被发现。被试首先需要把药物藏到舌头下面，然后趁护士不注意，把药物吐到马桶里并冲掉。当时的塞里格曼还很年轻，所以假扮精神病人时十分紧张，有时候会不小心真的把药物吃到肚子里。好在这样的误食只是偶尔出现，否则塞里格曼的健康难免会受到影响。

之后，这 8 个人出现在不同的精神病院内，告诉精神病医生自己有严重的幻听。除此之外，这 8 个人的言语和行为都表现得很正常，而且他们除了对自己的姓名和职业保密外，其他所有事项都会如实告诉医生。

于是，这 8 个人被理所当然地送进精神病房接受治疗。他们在精神病院中所有言行都表现得和正常人一样，而且之前假装的幻听也没有再出现过。总之，他们没有任何精神病理学上的症状，完全属于正常人。8 名被试不知道自己什么时候才能出去，按照要求，他们只有到医生认为他们精神正常的时候才可以出院。而且在此期间，他们需要做笔记，把自己的经历记录下来。当然，这 8 名被试也会得到医生给的专门治疗精神病的药，但都被被试偷偷扔进厕所冲走了。

令人惊讶的是，8 名被试一个也没有被放出精神病院。即使他们的表现十分正常，依然没有一个医护人员提出异议，医护人员认定这 8 个人就是精神病人。医护人员之所以会这么认为，是因为精神病院中的所有患者都被贴上了“精神病人”这个标签，自然会往精神病人的方向去看待他们的行为。

不过最有意思的是，精神病院中真正的精神病人意识到了问题。据调查，在3个假病人所在的精神病院中，118个真病人中有35个对被试表示怀疑：“你们根本不是疯子！你们是记者或编辑，你们是来调查医院的。”

后来，这8个人向医护人员提出出院的请求，并告诉医护人员，他们是正常人，来这里不过是配合一位心理学家的实验而已，现在实验已经结束了，他们应该回到以前的正常生活中。正是因为这一请求，让医护人员认为这些精神病人的“妄想症”更加严重了。由于这8个人的情况之前从未见过，医护人员还专门发明了一些精神病理学上的新术语，用来描述假病人的病情，例如把假病人与他人之间的交流命名为交谈行为；认为假病人做笔记的行为是精神病病情的新发展，并命名为做笔记。其实，8名被试在早期做笔记的时候还会隐藏，但是后来他们发现根本无须隐藏，因为医护人员会认为这也是一种精神不正常的表现，甚至还会专门记录在案。

结果，这8个假病人引起了精神病院的重视，每天都会有医护人员专门记录这8个假病人的具体行为，也就是病情记录。

在精神病院的日子让罗森汉感到格外苦恼，由于医生的坚持，罗森汉都开始怀疑自己是否真的患有精神类疾病了。所幸的是，就在这时罗森汉突然被告知，他可以出院了。

出院后的罗森汉立即恢复了实验之前的活力，他开始和散布在各地的被试联系，结果发现所有被试都成功进入精神病院。包括罗森汉自己在内，一共有7名被试被精神病科医生诊断为精神分裂症。而那个唯一幸免的被试则被精神科医生诊断为患有狂躁抑郁型精神病。经统计，8名被试平均住院治疗时间为19天，时间最长的为52天，最短的为7天。

罗森汉博士惊奇地从被试的笔记中发现，在精神病院里，病人与医护人员之间的交流非常少，交流的方式往往也很古怪，被试表示自己无法理解这种交流方式。甚至可以说，精神病人与医护人员之间几乎没有任何实质的交流。

罗森汉还发现在精神病治疗中，医护人员往往会滥用精神类药物。据被试的记录，住院期间精神病院一共发给8名被试2100片药物。要知道，精神类药物会对身体产生非常大的副作用。被试还发现，就连精神病院中的真病人也会偷偷把药片扔到马桶用水冲走。

甚至有的女护士还会当着男性精神病人的面换衣服。根据被试的观察，这并不是女护士在故意挑逗男性精神病人，而是因为在这些女护士的眼中，精神病人根本不算真正的人，自然不必当作人来对待。

后来，罗森汉把这项实验及其结果写成一份研究报告，发表在赫赫有名的《科学》杂志上，报告的题目为《精神病房里的正常人》。

在这篇报告中，罗森汉尖锐地指出，在精神病院这样的环境中，精神科医生并不能把正常人与精神病人真正区分开来。因为过于强大的外在环境，会让医生在看待精神病患者的时候带着顽固而强大的心理定式，进而会忽略精神病患者的个体性。一个人一旦被送进了精神病院，这里的医生通常都会依据病人之前的诊断结果给病人贴上一个标签，例如“精神分裂症”“抑郁症”的标签等。然后，医护人员的一切言行与安排都会围绕着这个标签进行。这都是因为偏见与环境对人的行为产生了误导作用。因为一旦被贴上某种标签之后，通常就没有人再去怀疑这是否是误诊。

罗森汉的研究除了可以提醒精神病医生在诊断过程中要格外小心以外，还使人们认识到给一个人贴上“精神病人”的标签是多么危险。罗森汉这篇论文的发表直接导致了精神病院病人数量的下降。当然，导致这种现象的出现不单单是因为罗森汉的研究，还有一个十分重要的原因，那就是抗精神病药物的发明与广泛应用，这种药物可以减轻许多患者的症状，从而使许多患有轻微精神疾病的患者可以生活在一个相对正常的环境中，有利于精神恢复健康。

罗森汉的研究一经发表，立刻在精神病学界引起了巨大的轰动，犹如炸弹一样，精神病学的科学性受到了严峻挑战。罗森汉也因此与精神卫生界结怨。

一家研究机构的附属精神病院在得知罗森汉的这个实验之后，立刻向罗森汉宣战：“在接下来的三个月内，任由罗森汉派来假病人，我们医院可以非常准确地分辨出来。”而罗森汉也乐于接受这个挑战，他提前通知这家精神病院的医生：“接下来三个月内，会有一个或多个假病人到你们的医院就诊。”

三个月很快过去了，这家精神病院的医生从前来就诊的病人当中找出了 193 个假病人。其中，有 41 个病人被至少一名精神病医生确定为假病人；23 个病人被至少一名精神病专家怀疑是假病人；19 个病人被一名精神病专家和一名精神病医生确认为假病人。结果，罗森汉狡猾地宣布，在这三个月内，他从未派出一个假病人去医院。

这个实验结果说明，当精神病医生改变对前来就诊的患者的看法之后，那么诊断一个人精神是否正常则可能出现反转的结果。同时还说明，任何一种精神疾病的诊断过程本身就很容易出现错误，很难得出一个让人信服的诊断结果。

在罗森汉发表《精神病房里的正常人》两年之后，一部与此相关的电影出现了，名字叫做《飞越疯人院》，影片讲述了主人公为了逃避监狱里的强制劳动，而伪装成精神病人并成功被送进了精神病院，这部电影还获得了奥斯卡奖。

之后罗森汉在 1973 年到 1975 年期间，在 12 家精神病院重复了这项实验，并且得到了相似的结果。除了罗森汉本人之外，许多心理学家的实验与研究也得出了与罗森汉一致的结论。这充分说明，尽管精神病医生有一套十分严格的诊断程序来区分“正常”与“病态”，他们也一直在改进自己的诊断方式，但是不论怎样，诊断精神疾病无法像诊断心脏病等生理疾病一样，通过客观的指标来确诊。

任职于哥伦比亚大学的精神病专家斯皮策不得不承认，罗森汉的实验一度让精神病学一蹶不振，但是同时也促使精神病学界在诊断过程中，引入更为确切的病理学证据，并且还制定出了更加量化的诊断标准。

不过，斯皮策依然对罗森汉的研究提出了疑问，并且认为虽然罗森汉所采用的方式表明精神病学界所使用的心理诊断系统是无效的，但是事实并非如此。也就是说，罗森汉的研究并不能说明精神病诊断系统有问题，毕竟罗森汉所派出的假病人在自述上就存在问题。一个人想要通过说谎来进入精神病院实际上并不困难，因为医生在对其做诊断并且准许其入院接受治疗的时候，是建立在病人陈述的口头报告的基础上。对于精神病医生而言，他们的职责不是测谎，而是为患者进行诊治，而且哪个精神病医生会想到居然会有人花费心思，使用欺骗的手段进入精神病院？另外，就算是一个真正的精神病患者，他也不会时时刻刻都处于精神疾病的状态，有时候也会表现得和正常人一样。总而言之，斯皮策认为，罗森汉的研究不能说明精神病学界的诊断系统是无效的。

不过，精神病院的医护人员对精神病患者存在着歧视却是毋庸置疑的事实。最新研究发现，如果一个人被贴上了精神病的诊断标签后，除了本人会感到羞辱以外，还会感受到来自许多人的歧视。在这项调查研究中，一共有 1300 多名精神病人参与了调查，他们均表示在被确诊为精神病的时候，都经历过侮辱与歧视。这种侮辱来自各方面，例如亲人、朋友、同事和其他普通大众，甚至还会被从事精神病治疗的专业人员所歧视。而且大多数被调查的精神病人还表示，他们都会隐藏自己的疾病，以免被其他人发现从而给自己带来不利的影响。总而言之，被诊断为精神病是一种十分沮丧、痛苦、愤怒和伤自尊的体验。

罗森汉的实验研究表明了贴标签效应具有强大的导向作用。其实，这种贴标签效应在现实生活中十分常见，心理学家克劳特还对贴标签效应进行了科学的实验研究。

1973 年，克劳特进行了如下实验。克劳特要求被试为慈善事业做出金钱方面的贡献，然后根据被试是否做出捐献，而贴上“慈善的”或“不慈善的”标签（实际上，被试被贴上某种标签是随机的）。当然，还有一些被试作为控制组存在，没有用贴标签的方式。

后来，克劳特再次要求被试对慈善事业做出捐献。这个时候，贴标签开始显示出影响力。那些在第一次捐献中被贴上“慈善的”被试比那些没有贴标签的人要捐得多。而在第一次捐献中被贴上“不慈善的”被试则比那些没有贴标签的人捐得少。

好标签与坏标签

因此，在现实生活中，如果我们被贴上了好的标签，那么就要促进自己朝着标签的方向发展。如果标签是消极的，那么我们要尽量避免自己被影响。贴标签效应在教育上显得尤为重要。父母和老师在对孩子进行教育的时候，一定要避免给孩子贴上不良的标签。

围观的群众

——责任分散研究

火灾现场，围观者众，却没有一个人拨打火警电话；车祸现场，人来人往，谁也没有伸出援手。是人们变得太冷漠了吗？半个世纪之前，纽约曾发生过一起轰动一时的谋杀案。心理学家受到这起谋杀案的启发，通过实验，解开了围观者冷漠反应背后的心理密码。

吉娣·格罗维斯是一名28岁的女性，在某酒吧担任经理。1964年3月13日的凌晨，天气有些寒冷和潮湿。下班后的格罗维斯像往常一样开车回家。她居住在奥斯汀大街的克纽公园，这是一个中产阶级的住宅区，不仅绿树成荫、环境优美，而且交通也很便利，她通常把自己的红色汽车停在长岛火车站停车场，然后步行走向不远处的公寓。

对于格罗维斯来说，凌晨回家是常事，因为酒吧的工作总是需要忙碌到深夜。格罗维斯走在林荫小道上的时候，她突然有一种不祥的预感，她注意到有一个黑影正在迅速地向她靠近。格罗维斯的第一反应就是跑，她发现在自己奔跑的同时，背后的那个黑影也开始跑，她甚至看清楚了那是一名男子，因此她更加恐惧。

格罗维斯突然想到在奥斯汀大街和莱弗茨大道的街角处有个警察岗亭，她想调转方向去警察岗亭求救。但是太迟了，当格罗维斯刚刚跑到停车场尽头的路灯下的时候，那名手握凶器的男子突然抓住了格罗维斯，并且向她的背后猛刺了几刀，最后格罗维斯惨叫着倒在地上。这个袭击者的名字叫做温斯顿·莫斯雷。

格罗维斯的惨叫声引起了公寓楼居民的注意，公寓楼的灯陆续亮了。居住在一楼的艾琳·弗罗斯特听到了格罗维斯的叫喊声，二楼的法国姑娘安德烈也听到了格罗维斯的求救声，她还透过窗户向外看去，似乎看到一个女子躺在人行道上，而旁边的一名男子正俯下身子殴打那名女子。居住在七楼的罗伯特·摩泽尔打开窗户对着下面的街道大喊道：“哎，快点放开那个姑娘。”施暴者莫斯雷听到这声叫喊后匆忙离开了。六楼的居住者克什金夫妇眼看着莫斯雷跑到路边停着的一辆白色汽车旁边，并且迅速上车，将车沿着街区一直往后倒，最终汽车消失在茫茫黑夜里。这时候，克什金想拨打报警电话，但是他的妻子却对他说："许多人都看到了，警察局肯定已经接到了不下三十个报警电话。"克什金也觉得妻子说的很有道理，就打消了报警的念头。

出人意料的是，5 分钟后，莫斯雷又出现了，他好像在四处寻找着什么，没错，他在寻找受伤的格罗维斯。在莫斯雷消失的 5 分钟内，格罗维斯挣扎着站了起来，并且试图朝着公寓楼走去。但是由于受伤严重且失血过多，格罗维斯晕倒在门厅前的地板上。

而莫斯雷则循着血迹找到了处于昏迷状态的格罗维斯。随后，莫斯雷对格罗维斯实施了强奸，还从她的钱包里拿走了 49 美元，最后又给了格罗维斯几刀，离开了。整个作案过程长达 35 分钟。

大约在凌晨 3 点 50 分的时候，警察局接到了二楼卡尔·罗斯的报警电话，并且在 3 分钟后赶到了案发现场。警察看到格罗维斯躺在一楼的门厅处，衣物散落了一地，早已停止了呼吸，经过检查发现格罗维斯身中 17 刀。

在案发后的第六天，莫斯雷就被抓获了，他在杀害格罗维斯之后还参与了一起入室抢劫案。莫斯雷对于谋杀格罗维斯的事实供认不讳，甚至还主动坦白了之前所犯下的两起谋杀案。虽然莫斯雷背负了好几条人命，不过他只是被判终身监禁，关押在纽约北部戒备最森严的监狱里。

这是一起十分普通的谋杀案，在 1964 年这一年内，美国一共发生了 9000 多起谋杀案，仅仅纽约就有成百上千起谋杀案。莫斯雷犯下的这起杀人案跟其他案件比较起来，的确算不上什么大案子，但是在社会上和心理学界却产生了深远的影响。

这起事件的转折点在一顿午餐中发生了，当时《纽约时报》的编辑罗森塔尔与纽约市警察局局长墨菲共进午餐。吃饭的时候，墨菲无意间闲聊起了发生在克纽公园的案件。墨菲对罗森塔尔说："这个案子很奇怪，当时一共有 38 名目击者，他们是眼睁睁地看着格罗维斯被害，却没有一个人拨打报警电话，如果报警及时的话，格罗维斯也不至于死。”墨菲的话立刻引起了罗森塔尔的注意，身为媒体人，他敏感地意识到这是一个不错的新闻题材。

之后，罗森塔尔就派记者马丁·甘斯伯格前往克纽公园进行深入的调查与采访。3 月 27 日，《纽约时报》刊登了一篇题为《38 名命案目击者无人报警》的文章。一时间，这起普通的谋杀案成了大新闻，引起了许多人的关注和愤慨。

这篇文章中写道，一位住户说：“我们以为那是一对情侣在吵架。”一位女性目击者说她当时十分害怕。还有一位中年女性劝她的丈夫不要卷进与己无关的是非中去。有的目击者甚至尝试从窗户往外看，但是由于室内的灯光太亮，根本看不清楚街道上所发生的事情。还有一位冷漠的目击者这样告诉记者：“我当时实在太累了。”总而言之，所有的目击者都有自己不报警的理由。但是，这种行为却造成了一个严重的后果，即一名无辜女性被残忍杀害，但是 38 个目击者却在 35 分钟内没有任何行动。

这篇文章还写到了警察对这起案件的看法，一名警察十分遗憾地表示，如果在格罗维斯第一次被袭击的时候就有人报警，那么她可能不会死，因为最初的几处刀伤并不致命，如果能够及时获得救治，就能会挽回生命。

随着媒体对该案中大量细节的披露，格罗维斯案件在美国引起了巨大的轰动。一时间，所有美国人都在探讨这起案件，许多人认为，这么多文明人为什么会在一个弱女子遭到袭击且有生命危险时选择袖手旁观呢？难道目击者都冷漠无情吗？

关于格罗维斯案件，一位精神病学专家提出了一种可能，电视负有不可推卸的责任。他说：“我们都低估了电视画面对大脑的影响力，电视画面会使我们的大脑产生错觉，那些目击者平常一定沉迷于戏剧和电视剧，在看到窗外所发生的事情时，甚至都无法确定外面发生的就是真实的事情。”

有些人则把目击者的冷漠无情归结于大都市的繁忙生活，比如在纽约这个繁华的大都市里，居民并不情愿向一个陌生人提供帮助。耶鲁大学的社会心理学家斯坦利·米尔格拉姆说：“在克纽公园所发生的谋杀案可能会变成人们攻击城市生活的一个关键点。对于需要帮助的人来说，城市被描述成麻木不仁、残酷冷漠的地方，在人情世故上，城市远远没有小村镇温馨。”但是，这种解释并不被纽约市民所接受。

美国许多学者也开始大规模地反思城市生活对人的道德观念所产生的负面影响。有的学者认为，城市会让人与人之间那种曾经亲密无间的状态不复存在，个体与群体之间也会渐渐变得疏离。有的教授甚至说：“冷漠完全是一种‘地方病’，是城市才拥有的。”

就连《纽约时报》的编辑罗森塔尔也撰文附和这种观点：“人与人之间的冷漠是大城市的一个显著特征。一个居住在大城市的人，为了避免被周围上百万人侵扰，唯一的办法就是让自己尽可能地忽略他们。这样一来，一个人对自己的邻居和他们所遭遇的困难将漠不关心，这其实是长期生活在纽约这个大城市中形成的条件反射，其他城市也是如此。”

总而言之，格罗维斯案件让几乎所有学者都变得悲观起来，他们认为格罗维斯谋杀案其实就是一种符号，标志着现代城市生活的瓦解。在现代生活中，人们会因为恐惧或自私，而不愿意向其他需要帮助的人伸出援助之手，人道主义的光辉将会随着城市的发展而完全湮灭，就像这 38 名目击者一样，所有人都不愿意多管闲事。

与此同时，格罗维斯案件还激发了心理学家的研究兴趣，他们开始试图寻找阻止人们伸出援助之手的心理因素。在心理学领域，有人专门研究一种社会现象，即“亲社会行为”，这是一种与格罗维斯案件相反的行为，是一种积极的社会行为，主要包括利他、合作、抵御诱惑以及帮助他人等行为。也就是说，当一个人看到某人需要救助的时候，促使这个人挺身而出并给某人提供帮助的行为会受到许多因素的影响。

纽约大学的社会心理学家约翰·达利和哥伦比亚大学的社会心理学家比勃·拉塔内对格罗维斯案件十分感兴趣，并且决定从旁观者未介入的行为着手研究，试图揭示影响格罗维斯案件中 38 名目击者的心理因素。达利和拉塔内经过对格罗维斯案件中旁观者（即目击者）的反应的分析，得出了一个与众不同的结论。他们认为，目击者之所以没有向格罗维斯伸出援助之手，不是因为城市居民感情的冷漠，也不是因为他们遇到这种突发事件时不知所措，而是因为目击者太多。当某个突发事件的目击者太多时，反而会降低目击者提供帮助的意愿，这是一种“责任分散”的现象。也就是说，当面对突发事件时，旁观者越多，人们的心中就会有一种强烈的想法，即认为：“有人会去帮助他，我就不必这样做了。”为了验证这一猜想，达利和拉塔内决定采用实验的方式。

达利和拉塔内决定模拟一种与真实突发事件非常相似的实验场景，进而观察被试作为旁观者的干预行为。

为了获得良好的实验效果，达利和拉塔内决定向被试隐瞒这次实验的真实目的。他们从纽约大学选修心理学课程的学生中挑选出 72 名被试，并随机平均分成三个实验小组。达利和拉塔内告诉被试：“我们对一些与大学生相关的话题十分感兴趣。想要通过这次实验了解当代大学生是如何在激烈的竞争中适应大学生活、城市环境以及大学生所面临的个人问题。所以我们希望在接下来的实验中，你们可以坦诚地和其他大学生讨论关于自己的问题。当然为了避免面对面的尴尬和不愉快，你们每个人需要单独呆在相互隔离的房间内，你们之间的交流工具就是内部通讯联络系统。此外，这种通讯装置是经过改装的，每次只能允许一名学生讲话，且每位同学都有两分钟的讲话时间。”

在实验开始后，达利和拉塔内会分别对不同小组的被试交代不同的事情。他们对第一个小组的被试说：“你们只能通过电话与另外一个人交谈。”对第二小组的被试说：“你们可以通过电话与另外两个人一起交谈。”对第三小组的被试说：“你们可以通过电话与另外五个人一起交谈。”事实上，每个被试都是独自一人，而电话中的其他声音都是录音。

然后，达利和拉塔内设计了一个十分逼真的癫痫病发作的场景，然后观察被试对这个突发事件的反应。当被试开始用内部通讯电话交流的时候，会先听到一名男性在说话。这名男性会告诉被试：“我的困难主要来源于学习和适应纽约生活这两方面。其实我还有一个十分尴尬的困难，当我压力比较大的时候，有时会引发严重的癫痫病。”这名男子说完后，其他人开始说自己的情况。

当然，不同小组会有不同的情况。例如第一小组在听完这名男性说话后，就立刻开始讲话，因为只有他们两个人在讲电话。第二小组和第三小组的被试在听完这名男性讲话后，会在讲话之前听到一个或多个学生的讲话。

就在讲话的过程中，突发事件出现了，那名男性的癫痫病发作了。所有的被试都会听到这样一段话："我想我需要……如果有人……能给我一点儿帮助的话……因为我现在真的有麻烦……如果有人能帮助我……我将十分感激……我的癫痫病就要发作了……我需要一些帮助……哦……我……要死了……"然后，这名男性就没有声音了。接下来，达利和拉塔内开始等待所有被试的反应，并且记录下被试在听到这名男子的求助后到提供帮助之间所花费的时间。此外，达利和拉塔内还限制了时间，每个被试必须在四分钟内做出反应，四分钟后实验将结束。

实验结果发现，在四分钟内，第一组的被试几乎百分之百地向实验人员报告了该突发事件；而在第二组的被试中只有 85%；在第三组的被试中只有 60%。在反应时间上，三个小组也不同。其中第一小组的反应时间最快，在平均不到一分钟的时间内就报告了突发事件；第三小组的反应时间最慢，平均反应时间超过了三分钟。这个结果说明，当人们面对突发事件时，如果有其他人在场，旁观者挺身而出的概率会大大降低。旁观者越多，人们越难伸出援助之手。此外，时间拖延也会随着旁观人数的增加而增加。这个实验结果足以解释为什么 38 名目击者在面对格罗维斯的遭遇时会无动于衷。

在格罗维斯案件和上述实验中，旁观者都处于一种"隔岸观火"的状态，也就是说他们彼此之间并未发生面对面的交流。如果旁观者能够看到彼此并且可以相互交流的话，那么会不会出现所谓的旁观者效应呢？达利和拉塔内认为这种情况也非常有可能发生。他们决定再设计一个实验进行求证。

这次实验的被试依然是大学生，并且是被达利和拉塔内"骗"来的，他们告诉被试这次实验的目的是讨论城市大学的一些生活问题。

当被试来到实验地点后，一些被试被单独安排在某个房间内；一些被试则被三人一组地安排在某个房间内；一些被试则与两个实验助手（被试并不知情）被安排在一个房间内。然后实验人员在发给他们每个人一份调查问卷后就离开了。

几分钟后，房间内开始出现烟雾。这些烟雾是从某个通风口进入房间的，是一种特殊的化学混合物，主要用于实验但不会给被试带来伤害。

起初，烟雾很稀薄，但在几分钟后，烟雾变得越来越浓厚，甚至影响到了房间内的可视度。那个有实验助手的实验组中，实验助手起误导的作用，在整个实验过程中，不论烟雾如何浓厚，他们都会表现得若无其事。

在烟雾出现的两分钟后，被单独安排的被试中有55%的人向达利和拉塔内报告了房间内有烟雾的情况；而其他两个小组则只有12%的被试主动报告有烟雾的情况；当烟雾出现四分钟后，被单独安排的被试中有75%的人向达利和拉塔内报告烟雾越来越浓厚的情况；出人意料的是，其他两个小组的被试居然没有人再报告。

在此后的十二年内，达利与拉塔内前后一共进行了十几次不同的实验，都得到了相似的实验结果。这些实验都验证了“责任分散效应”（也叫旁观者效应或旁观者介入紧急事态的社会抑制）的存在，即认为在一种紧急的情形下，因为有其他目击者在场，才使得旁观者无动于衷。

对于之前学者对格罗维斯案件所做出的道德谴责与城市环境影响的分析，达利与拉塔内通过实验所给出的社会心理学解释更让人们信服，因为他人在场的确会抑制救助行为的发生。

达利和拉塔内认为，在一个群体中，帮助人的责任会被分散，当旁观者越多的时候，个人感受到的救助责任就会越少。在格罗维斯案件中，格罗维斯之所以没有得到救助，就是因为一共有38名目击者听到了格罗维斯的求救声，而且每个目击者都觉得会有其他人报警，因此自己便没有采取行动的紧迫感。如果仅仅有一个人听到了格罗维斯的求救声，那么这个人极有可能会立即采取营救的行动，例如马上拨打报警电话等，这对他来说是举手之劳。行凶者莫斯雷后来对警察的陈述也说明了旁观者效应：“虽然当时有人打开窗户呵斥我，但是我一点儿也不在乎。因为我觉得那个人肯定会关上窗户，然后继续睡觉。事实证明，的确如此。”

别做冷漠的旁观者

责任分散效应只是为了解释某种社会现象，并不是为那些无动于衷的旁观者开脱。责任分散实验除了帮助人们解释旁观者不施救的行为之外，还可以用来帮助人们改变这种行为。所以当人们知道责任分散效应的存在后，在面对一些突发事件的时候，即使有许多旁观者在场，也应该及时、积极地做出干预行为，从而避免悲剧的发生。尤其在遇到危急的突发事件时，目击者应该告诫自己，千万不要以为已经有人伸出了援助之手而忽略掉自己应该履行的责任。

此外，责任分散效应还可以应用到团队的管理中。当管理者将一项任务交给某个团队的时候，一定要安排好相关负责人，例如这儿出问题了找谁。如果责任无法具体到某个人身上，那么就会出现责任分散的现象，从而导致执行力的降低。

人多的好处与坏处

——社会助长（抑制、惰化）研究

有些事情，大家一起做效率比较高；但有一些事情，人多了反而会降低效率。心理学家用实验揭示了这种现象背后的秘密。

1897年，著名心理学家特里普里特在《美国心理学杂志》上发表了一篇文章，介绍了特里普里特的一个实验报告，即考察他人在场和竞争对个人行为所产生的影响。

特里普里特所设计的实验步骤如下：他让被试在三种不同的情况下骑车，一共需要骑行25英里。第一种情景是被试单独骑车，整个骑车的过程只有被试一个人；第二种情景是让一个人跑步陪伴着被试；第三种情景是被试和他人进行骑车比赛。

实验结果表明，当被试独自完成25英里的路程时，平均时速为24英里；有人跑步陪伴时，被试的平均时速为31英里；有人骑车比赛时，被试的平均时速为32.5英里。

特里普里特通过这个实验结果提出了社会助长现象的理论，即一个人单独进行工作的效果，往往不如和一群人一起做同样的工作，这样可以提高工作效率。也可以说，个体在群体活动中可以提高工作的数量和质量，因为群体可以带来社会助长效应。

特里普里特的社会助长实验在《美国心理学杂志》上一经发表，立刻引起了社会心理学家的兴趣，许多心理学家纷纷投入了研究。其中，心理学家奥尔波特在1916年到1919年进行了有关社会助长现象的一系列实验，找出了社会助长现象产生的原因。

在实验开始之前，奥尔波特首先准备了相关的实验材料，即两套汉语词汇，其中一套比较简单，另外一套相对复杂。参加实验的被试是初中、高中、大学的学生，还有青年工人。被试在实验中的任务就是学习这两套汉语词汇。

奥尔波特让被试在两种完全不同的环境中分别学习两套汉语词汇，一种环境是被试单独学习，另一种环境是被试在一个团体中和其他人一起学习。奥尔波特在实验的过程中，详细记录下被试在不同环境中学习的情况，包括学习效率、成绩等。接下来，奥尔波特把这些记录的材料通过统计和分析，制作成被试在两种不同环境中的学习成绩曲线，并从中寻找环境与学习成绩之间的规律性联系。

通过一系列的分析，奥尔波特等心理学家得出了这样的结论：当被试学习比较简单的汉语材料时，在团体中的学习效率比单独的学习效率更高，学习成绩也较好；但是如果被试需要学习的汉语材料变得复杂以后，情况就完全相反了。

奥尔波特通过这个实验结果，建议人们在安排工作的时候，为了提高工作效率，最好根据具体的情况而定。当人们所从事的工作是简单性的劳动时，例如流水线的工作等，尽量让人们在团体的环境中工作，因为当一个人单独从事此类工作时，会很容易产生孤独感和疲劳感，造成的直接结果就是工作效率的降低。相反，如果一个人所从事的工作是比较复杂的，例如学术研究等，最好是单独一人在安静的环境中完成，因为这样有利于当事人进行深入的思考，更有利于提高工作效率。如果是在团体环境中，当事人便无法静下心来去完成要做的工作。

上述现象又被称为社会抑制现象，与社会助长现象相互对应。工作环境对工作效率的影响，到底是出现社会助长现象还是社会抑制现象，主要取决于当事人工作的性质和所从事工作的技能娴熟程度。通过奥尔波特的实验结果我们知道，当从事复杂的工作时，当事人需要在单独的环境中进行；当一个人所从事的工作是简单易行的，那么需要在团体环境中进行。但是，如果一个人刚刚开始从事一份工作，即使这种工作是简单易行的，他也需要在单独的环境中熟悉工作流程和技能，只有在他对工作渐渐熟悉起来之后，才适合在团体环境中工作，否则团体的工作环境只会干扰他掌握工作流程和技能的速度。这样一来，所出现的就不是社会助长现象，而是社会抑制现象。

除此之外，奥尔波特还总结出社会助长现象出现的原因。首先，当一个人与其他人一起工作时，会在意其他人的评价，这样会增加当事人的兴奋度以及对工作的重视度；其次，许多人一起工作，会在不知不觉中形成一种竞争关系，这种竞争有利于工作效率的提高；最后，当一个人单独处在一个环境中，会产生单调和孤独的感觉，从而出现心理疲劳，对工作提不起兴趣，相反，如果是在团体中就不会有这种感觉。

有关社会助长现象与社会抑制现象，札琼柯与卡特莱尔等人也用实验进行了证明。他们让被试分别在单独和团体两种环境中学习有关单词的配对。单词配对主要由两类单词组成，其中一类是同义词，学习起来比较简单；另一类是由无关单词组成，学习起来比较困难。

实验结果表明，比较容易的学习中，团体的学习环境会产生所谓的社会助长现象，被试的学习成绩和效率提高。但是在比较困难的学习中，团体的学习环境会带来干扰，反倒不如单独一人的学习效率高。

除社会抑制外，还有一种社会惰化的现象值得关注。群体一起做事情时，个人付出的努力比较少；单独完成任务时，个人付出的努力比较多，这个现象就叫做社会惰化，即他人在场产生的消极作用。德国心理学家林格曼用拔河比赛研究了社会惰化的现象。他让被试用力拉绳子，以测试其拉力。实验分为三种情况：1 个人、3 个人、8 个人。结果表明，1 个人拉绳子时，单独的拉力是 63 千克；3 个人一起拉绳子时，人均拉力是 53 千克；8 个人一起拉绳子时，人均拉力只有 31 千克。也就是说，一个人拉绳子比许多人一起拉绳子时付出更多的努力，随着人数的增加，每个人的努力会逐渐减少。

1979 年，比博·拉塔内同样用实验证明了社会惰化的现象。他请大学生用欢呼或者鼓掌的方式制造噪音，分为 1 个人、2 个人、4 个人和 6 个人四组。结果表明，随着团体人数的增加，每个人制造的噪音逐渐减少。在智力任务中，也存在社会惰化的情况。

1988 年，杰克森和威廉姆斯总结了有关社会惰化的研究，49 个社会惰化实验证明了一个相同的道理：群体规模越大，个人的努力程度越低。当群体成员达到8个，个人的努力程度下降了20%。随着群体规模的增大，个体努力程度下降。

“一个和尚挑水吃，两个和尚抬水吃，三个和尚没水吃”就是社会惰化最典型的例子。庙里的和尚多了，人力也增加了，为什么大家反而没水喝了呢？并非和尚奸懒耍滑，不爱做事，此乃社会心理现象，是人性的弱点。如此一来，不挑水的和尚便为自己找到了开脱的理由：“不是我们不积极，实乃人类本性，谁也没辙！”

所谓“鸡多不下蛋，人多瞎捣乱”，讲的也是同样的道理。因此，当需要多人合作时，最好将任务细化，分到每个人的头上，让个体明确自己应该负的责任，这样就能避免社会惰化影响生产效率。

为什么会出现社会惰化的现象呢？一种观点认为，个体隐没在群体中，自觉自己的行为不会被单独评价，因此，个体的责任感变弱，努力的动力也减少了。另一种观点认为，个体的努力如果对群体完成任务非常重要，就会付出更多努力；如果个体的努力不是决定群体成绩的唯一因素，个体觉得自己的贡献会被其他成员平分掉，社会惰化效应就会发生。

生活中的助长、抑制与惰化

了解了社会助长、社会抑制与社会惰化，对我们的学习和生活会有直接的帮助。例如，从事简单机械的工作时，可以大家一起干，发挥社会助长的优势；而从事复杂、有难度的工作时，就要在相对独立的环境中进行，避免社会抑制；当需要大家一起努力，协作完成某项任务时，则要分工明确，加强监督，避免社会惰化效应。

争强好胜

——个体与团体竞争研究

人有一种强烈的心理倾向——争强好胜，但和对手竞争并打败对手一定会让自己受益吗？心理学实验证明：有时候，竞争反而会损害自身的利益，合作才能共赢。

心理学家多伊奇等人曾经做过一个经典的竞争实验，多伊奇把被试分成两两一组，每两个人是竞争对手的关系，而且分别担任两家运输公司的经理，他们的具体任务就是让自己的车辆以最快的速度从起点跑到终点。他们需要让自己的运输速度够快，因为速度越快，赚的钱就越多，而实验人员告诉被试要尽可能多地赚钱。

在运输货物期间，每个被试都有两条运输线可以选择，一条运输线属于个人专用线，除了自己之外，没有人有权利走这条路线，但是这条路线需要花费较多的时间与金钱，对被试来说并不划算。

另一条运输线是两两成对的竞争对手所共同拥有的，这条运输线还有一个形象的叫法，那就是"近道线"，顾名思义，如果被试走这条路线的话，会节省很多时间，能尽快到达终点。但是美中不足的是，近道线道路比较狭窄，每次只能容许一辆车通过。这样一来，两两成对的被试就形成了竞争的关系。

当然，除了竞争之外，被试还有其他办法，那就是合作。但是，只要被试想要走这条又近又窄的路，除了合作这一办法之外，没有其他更好的方法。这种合作方式的具体做法就是，双方在商量的前提下，交替使用这条近道线。

在实验开始之前，实验人员明确告诉被试，即使他们在合作的前提下使用近道线，也必须花费时间等待。但是这种等待是值得的，毕竟近道线比个人专线更经济和有效。

在实验开始之后，实验人员会给被试计分，具体计分方式就是被试从起点到终点的运输速度，被试的分数越高说明赚的钱越多。

实验结果表明，两两成对的被试很少合作。因为竞争关系的存在，他们每个人都想赚更多的钱，最后赢得比赛，所以他们都不愿意合作。在近道线的使用上，往往狭路相逢，谁也不让谁，经常出现僵持不下的局面。

此外，实验人员发现，即使在实验中，被试偶尔出现了合作，但那并不是真正的合作，只是为了赢得比赛所做出的暂时性妥协，也就是说这种合作的现状是竞争所造成的。而且，实验人员还发现，被试似乎并不在乎自己在实验中的得分，即使得分少也要和对手竞争下去，似乎战胜对手才能实现这次比赛的意义。

实验结束后，实验人员问被试为什么宁愿选择竞争也不愿意进行合作。大多数被试的理由是，希望自己可以战胜竞争对手。这个实验结果说明，人们在心理上更倾向于竞争，因为每个人都有想赢的心理。

这个实验主要是关于个体竞争，也就是说，在人人竞争的条件下，大多数人只会关心自己的工作，而忽视了合作和相互支持的必要性。但是在群体竞争之中就不是这样了。多伊奇等心理学家认为，在群体竞争的条件下，群体内成员之间会形成合作的关系，他们会相互理解，相互支持，并且会共同活动。

每个人都有归属感，总是把自己归属于某个团体之中。这样一来，团体与团体之间就会形成竞争的关系，也就是所谓的群体竞争。在群体竞争之中，群体内的成员之间相互团结，但是对于群体之外的人，人们往往会把他们视为竞争对手，甚至是敌人。

在群体竞争中，还有一种很有意思的现象，那就是人们会尽力维护自己所在群体的利益与荣誉，并且对竞争团体产生敌意和偏见。

这种群体竞争是一种常见的社会现象，心理学家谢里夫等人为了研究这种社会现象，专门设计了一个实验，实验的目的就是了解群体内合作、群体间竞争的原因以及如何进行缓解。

在实验开始之前，实验人员进行了大量的准备工作。例如实验场地的选择，最终实验人员选择了位于俄克拉何马州“强盗洞”州立公园内的美国童子军营地。因为这里森林茂密，比较适合实验的进行。

实验人员在选择被试方面的要求十分严格，一共需要22名被试，而且年龄、背景、智力和身体素质等方面比较相似。最终实验人员挑选的被试的平均年龄在11岁左右，而且都是俄克拉何马州五年级的小学生，成绩中等。这些孩子的家庭背景也十分相似，都来自中产阶级家庭，而且父母的感情不错。最重要的是，被试之间互相都不认识。

由于被试都是小学生，所以实验人员只能把实验安排在暑假期间。整个实验被分成三个阶段。

第一阶段的主要任务就是团体的建立和形成。被试到达实验场地后，实验人员会把他们随机划分为两个小组。每个小组都会分配到一个场地进行活动。虽然孩子们彼此不认识，但是随着他们在一起玩耍和做事，渐渐形成了一个团体，他们开始接受“我们是一伙儿的”这个团体概念。在实验人员的安排下，两个小组还分别为自己的团体起了名字，即响尾蛇队和老鹰队。仅从团体的名字看，这两个小组就是死敌。

第二阶段的主要任务是让被试之间出现团体竞争。实验人员会安排两个小组进行比赛活动，最终赢得比赛的小组可以获得奖励。

在竞赛活动期间，两个小组的成员之间开始出现矛盾，他们攻击竞争对手，这说明被试的团体意识越来越强烈。后来被试的攻击行为越来越野蛮，例如老鹰队的成员烧毁了响尾蛇队的队旗，而响尾蛇队为了报复，毁坏了老鹰队的小木屋。甚至到最后，实验人员不得不出面阻止被试的攻击行为。

第三阶段的任务是促成两个团体之间的合作关系。毕竟在第二阶段内，两个团体之间的矛盾已经形成。所以，实验人员为了减少两个小组对竞争对手的偏见，专门安排了一些活动，让这两个小组可以心平气和地交流，例如让大家一起吃饭、看电影等。但是让实验人员惊讶的是，这种促成双方交流的方式并不能缓和两个小组之间的紧张氛围，他们的矛盾并没有消除，他们依然会相互敌视，甚至还会攻击对方。

为此，实验人员不得不改变原定的实验计划，组织一些新的活动。在这些活动之中，实验人员会给被试制定一些特殊的目标，这些目标无法由一个小组完成，必须相互合作才能实现。例如，蓄水池问题。营地的蓄水池发生了问题，被试都面临缺水的困境。所以两个小组的成员不得不合作，共同寻找问题的所在。当他们发现蓄水池的问题是因为输水管被堵住了，便一起清理被堵住的输水管。当蓄水池被修好时，被试都十分高兴。在一系列的合作活动中，被试的团体偏见开始减少。到实验结束的时候，被试的团体偏见已经完全消除，大家像刚来这里时那样不分彼此，例如坐车的时候，座位不分小组。

在第一阶段内，个体会因归属于某个团体而产生归属感，这有利于团体的形成以及培养团体的凝聚力。在第二阶段内，团体之间的竞争会让团体内的成员更加团结。在第三阶段内，当两个竞争的团体为了实现一个共同的目标而努力时，会放弃之前的敌对和偏见，开始寻求合作。这种合作的关系，能使两个团体成员之间的关系得到改善。

抑制自己的竞争欲望

竞争似乎是一种遗传的生物本能，是在漫长的生存竞争历史中沉淀形成的。但事实证明，很多情况下，选择合作对我们来说更有利。在激烈的竞争中胜出会给我们带来心理上的满足感，事后却要承受竞争的恶果。所以，我们应该学会审时度势，适当抑制争强好胜的欲望，通过合作实现双赢。

哪来这么多人

——拥挤实验

当我们身处拥挤的人群中，例如在早高峰的地铁上，自己的情绪和行为会不经意间发生变化，想赶紧从这拥挤的人群中脱身，脾气也会变得十分暴躁，更容易出现攻击性行为。关于拥挤环境对人们行为和心理的影响，很早就引起了行为主义心理学家的关注。

有关拥挤现象的研究一直停滞不前。在一些公共场所，的确会出现人群过密的情况，这个时候人们的情绪会变得易怒，而且也很容易出现攻击性行为。但是，由于这种拥挤的状态所维持的时间比较短暂，所以无法进行深入研究。当然还有一种研究方式，那就是观察那些比较拥挤的地方，例如贫民窟和监狱等。但是，这些地区存在许多不可控的因素，例如贫民窟之所以犯罪率比较高，或许并不是因为拥挤的环境，而可能是因为贫穷，也可能是由于吸毒行为的高发生率。这些因素都可能导致高犯罪率。

在一项研究中，研究人员将拥挤的监狱环境与不太拥挤的监狱环境相比较，结果发现，拥挤监狱中的死亡率、杀人率、自杀率、生病率以及犯错率都要高于不太拥挤的监狱。这项研究结果虽然可以说明高密度的居住环境会影响人的行为，但是除了拥挤的因素以外，还有其他因素影响了这些行为。

除了以观察为研究方式之外，还有一种方式，那就是实验研究。但是，如果在实验中使用人作为被试，那么让被试长期生活在一个拥挤的环境中，势必会给被试的身心带来无法弥补的伤害。所以，心理学家约翰·卡尔霍恩只好选择小白鼠作为实验对象。

不论在医学实验中还是在心理学实验中，选择动物作为被试，有好处也有坏处。好处就是不用受到道德伦理的压力，坏处就是把对动物进行研究所得到的结果应用到人类身上的时候必须谨慎对待。例如某些物质可以引起鼠类疾病，但是却对人类的身体健康没有丝毫影响。以此类推，影响鼠类行为的环境因素并不一定就适用于人类。总而言之，拿动物作为被试，可能会成为指引研究人类行为的重要途径，但也有可能会走入一条死胡同。

卡尔霍恩之所以会选择做拥挤实验，是受到之前一个实验的启发。在之前的实验中，卡尔霍恩是为了研究在一个对过度繁殖没有自然控制（例如天敌和疾病等）的环境中，白鼠的繁殖率会达到何种程度。卡尔霍恩把一群小白鼠放到一个安全且密闭的环境中，这里不仅有充足的食物，同时也没有天敌的存在，甚至就连疾病的发生都被人为地控制在最低限度。起初，卡尔霍恩以为白鼠会无限制地繁殖。

但是实验结果出人意料，在实验的 27 个月内，一共才有 150 只成年白鼠。如果按照白鼠的繁殖率，这段时间应该有 5000 只成年白鼠才对。成年白鼠的数量之所以这么少，并不是因为白鼠的繁殖能力出现了问题，而是因为幼鼠的死亡率居高不下。导致这种现象的原因是，在拥挤的环境下，成年白鼠所面临的压力很大，导致抚育后代的能力严重下降，进而导致只有极少数的幼鼠可以活到成年。

卡尔霍恩为了研究在一个高密度的环境中，白鼠会产生什么样的行为变化及其原因，进而设计了一个拥挤实验。在实验中，卡尔霍恩选择了一个 10 英尺 ×14 英尺的房间作为实验室，实验室被划分为四个部分，分别为圈 1、圈 2、圈 3、圈 4，每个部分用隔板隔离开来，隔板被通上电，当白鼠想要穿过隔板进入另一个圈内时，就会感觉到被电击的痛苦，从而知道隔板是不能碰的，但是它们仍然可以到其他圈内。因为在这个四个部分中间还有通道，这些通道可以让白鼠从圈 1 到圈 2，从圈 2 到圈 3，从圈 3 到圈 4，但是圈 1 和圈 4 之间是不能互通的。

在所有的圈内，都有充足的水和食物，甚至连白鼠用来筑巢的材料都有。卡尔霍恩会往每个圈内放入 12 只成年白鼠（这是卡尔霍恩通过长时间对白鼠研究所发现的最佳投放数量），也就是说整个实验室内一共被放入了 48 只成年白鼠。而且这个投放数量的密度并不是特别大，只能算是中等程度的密度。卡尔霍恩认为，如果想增加白鼠的话，每个圈内还可以增加 20 只白鼠。卡尔霍恩之所以选择中等程度的密度，是想让成年白鼠在实验室内不断地进行繁殖。当成年白鼠自由繁殖到 80

只左右时，卡尔霍恩就会把多余的断奶后的幼鼠转移出实验室，以保证白鼠总数量的稳定。接下来的工作便是长达 16 个月的观察记录，观察白鼠在拥挤环境中的行为表现。

虽然实验室的环境中没有天敌与疾病的侵害，但是自然界的斗争依然存在，这种斗争局限于成年雄鼠，它们会像在自然环境中生存一样，为了得到更多的地盘、食物乃至雌鼠而开始相互斗争。这种斗争的现象发生在所有的圈内，但是每个圈内的情况又不尽相同。圈 1 与圈 4 的环境比较特殊，只有一个出入口。这两个圈内的雄鼠为了保障自己的统治地位，通常会守在那个唯一的入口处，同时还会把圈内的其他雄鼠赶出去，只留下适量的雌鼠，当然它还会禁止其他雄鼠的进入。圈 1 与圈 4 中的雄鼠会拥有 8 只到 12 只雌鼠。它们为了保障自己所拥有的优势地位，会不分昼夜地守在入口处，随时准备战斗。不过有时候，圈 1 和圈 4 的霸主也会放水，让个别雄鼠进入自己的领地内。但是，这些雄鼠通常都是毫无存在感的，它们到圈 1 或圈 4 内后总是默默地呆在角落里，不与雌鼠交配，也不会争夺圈内的食物，只有到饥饿的时候，才会走出圈内觅食。

由于圈 1 和圈 4 属于易守难攻的地方，所以这里不存在所谓的拥挤，圈内的雌鼠可以建筑舒适的窝，可以生育且抚养好后代，雌鼠可以充分扮演好母亲的角色。这里的大部分白鼠都会表现出正常的行为，繁殖行为也比较正常，繁衍的幼鼠有一半可以长大成年。

圈 2 和圈 3 的情况就比较糟糕了，一共有 60 只左右的白鼠拥挤在这两个狭小的空间内。在这种拥挤的环境中，白鼠纷纷出现了许多不可思议的行为，卡尔霍恩称之为“行为沦丧”，也就是一些极端的、病理性的行为。

圈 2 和圈 3 中的白鼠出现了不寻常的攻击性行为。在自然界，白鼠的攻击行为十分正常，通常发生在雄鼠之间。处于统治地位的雄鼠一般比较强壮，霸占着食物以及雌鼠。当然也有不少后起之秀挑战这只雄鼠的地位。如果发起挑战的雄鼠能够击败这只雄鼠，那么食物和雌鼠将会易主。但是在拥挤的环境中，雄鼠居然会攻击雌鼠和幼鼠，有时候还会对那些不爱动的雄鼠发起挑战。雄鼠甚至还出现了一种怪癖，那就是咬其他白鼠的尾巴，这是一种在自然界或正常状态下十分罕见且不正常的行为。这些喜爱攻击的雄鼠身上经常会出现秃斑。

与经常性的攻击性行为相反，还有一些雄鼠表现得十分安静，它们与世无争，躲避一切争斗，默默地静守一隅。这些雄鼠与好斗的雄鼠比较起来，看似十分健康，它们不仅体格肥硕，而且皮毛完好。但是，这些雄鼠的精神状态却不怎么样，它们似乎完全不能适应这个拥挤的环境。这些雄鼠在圈内走动的时候显得十分迷糊，好像处于睡眠或催眠的状态，无视其他白鼠的存在，同时其他白鼠也会忽视它们。这些雄鼠对性活动一点儿兴趣也没有，即使在面对发情的雌鼠时也可以做到坐怀不乱。

有一些雄鼠虽然对争夺地位不感兴趣，但是却纵欲过度，总是十分活跃地去寻找雌鼠，也因此遭到其他体格强壮的白鼠的教训。此类雄鼠在追求雌鼠的时候不会遵守自然的交配程序。正常情况下，雄鼠在追求雌鼠的时候，雌鼠会跑到洞里，雄鼠则十分绅士地等待雌鼠从洞里出来，然后再进行交配。有些主动的雄鼠会在洞口跳舞来勾引雌鼠。也就是说，雄鼠想要获得交配权，就必须在雌鼠自愿的情况下。但是，此类雄鼠却会强迫雌鼠进行交配，例如它们不会等待雌鼠从洞中出来，而是直接跟着雌鼠进入洞内。而且，此类雄鼠还出现了一种十分残忍的行为，即食用同类白鼠，当它们发现雌鼠的洞内有死去的幼鼠时，一般会吃进肚子里。

有一些雄鼠则是疯狂地进行交配，对交配的对象不加分辨，任何白鼠都可以，例如雄鼠、幼鼠以及没有发情的雌鼠等。此类白鼠也经常受到体格健壮的雄鼠的攻击。所有雄鼠在雌鼠处于发情期的时候，会一起追逐雌鼠，直到雌鼠筋疲力尽，不能继续奔跑。

与此同时，圈 2 和圈 3 中的雌鼠也表现得格外异常。在自然界中，筑巢是雌鼠所拥有的一种本能，这是雌鼠为生产幼鼠而必做的准备工作。正是基于这种本能，卡尔霍恩才为雌鼠准备了许多小纸条作为筑巢的原材料。但是，拥挤的环境使雌鼠丧失了筑巢的能力。起初，雌鼠还会主动地收集许多纸条，尽管它们所筑的巢穴并不合格。后来，雌鼠越来越懒得收集纸条，就连不合格的巢穴也不再建筑。于是，幼鼠刚出生的时候，就直接被抛弃在地面上。

雌鼠在保护幼鼠的本能上也出现了纰漏。当雌鼠预感到危险的存在时，通常会把幼鼠转移到安全的地方，但是圈 2 和圈 3 内的雌鼠则丧失了这一本能，它们有时候会转移一些幼鼠而忘记转移另一些幼鼠，有时候则会在转移的过程中不小心把幼鼠丢在地上。这些被丢弃的幼鼠通常都会面临死亡，要么是自己饿死，要么是被其他成年雄鼠吃掉。圈 2 和圈 3 中幼鼠的死亡率也远远高于圈 1 和圈 4，死亡率大约在 80%至 96%之间。此外，雌鼠在怀孕和生产的过程中会伴随着一些并发症出现，从而导致大量的雌鼠死亡。据统计，在实验结束时，圈 2 和圈 3 内的雌鼠已经死亡了将近一半。

实验结果表明，高密度的生存环境改变了白鼠的社会行为以及生存的自然行为。这个实验结果似乎同样适用于人类，因为拥挤的环境的确会对人们产生消极的影响。这一点，有相关的实验证明，被试就是人类。

在这项实验中，被试被分成两组，其中一组被试需要在一个非常拥挤的小房间内完成实验人员所交代的复杂任务；另一组被试则需要在一个不太拥挤的大房间内完成实验人员所交代的复杂任务。结果发现，拥挤环境下的被试解决问题的能力远远低于不太拥挤环境下的被试。此外，在实验过程中实验人员还测试了被试的生理指标。结果发现，拥挤环境中被试的生理指标发生了显著的变化，其中包括血压升高，心跳加速。实验人员还发现，拥挤环境下的被试彼此之间还充满了敌意。

人多的场合别冲动

在拥挤的场合，由于环境的压力，个人空间受到侵犯，人会变得冲动易怒，富有攻击性。但是，换位思考一下，处在这种环境下，每个人都是出于无奈，相互理解和体谅，才能和睦相处，心情愉快。如果因为一时冲动，造成无法收拾的后果，就得不偿失了。当内心的攻击欲望膨胀时，不妨做几个深呼吸，冥想片刻，或者转移一下注意力，让自己冷静下来，熄灭心中的怒火。

模棱两可，人人受用

——巴纳姆效应研究

不管是星座、血型分析，还是相面、看手相，为什么总有人对这些笃信不疑？心理学家通过实验为我们揭示了这种古老的社会现象背后的秘密。

下面这段话符合你吗？

“为人开朗、热情，即使内心有点害羞，表面上依然能表现得自在、大方。愁眉苦脸只给自己看，即使伤心，也不会摆在别人面前，偶尔向朋友吐吐苦水，真正的眼泪只有自己看得到。过度自信，因此常常冲动行事，行动失败后又毁掉了自信。很看重团体中的角色，因此愿意承担更多的责任。说话直接，很少拐弯抹角，诚实的孩子，一旦说谎就会被人察觉。不善于处理细节，但很踏实，不劳而获并非个人信仰。”

好，接下来看下面这段话符合你吗？

“温柔，娴雅，喜欢快快乐乐的生活，需要忠贞不渝的爱情和友情。随和顺从，品格正直，平易近人，富有人格魅力和艺术灵感。会为微不足道的事情感到惊慌不安，习惯躲开矛盾，开辟和解之路。言行举止非常有分寸，不急不躁，富有合作精神，有时显得优柔寡断，不够坦率，难以理解。由于过分追求高雅的生活，希望得到别人的钦佩和赞扬，因此有些机会主义，不专心，缺乏坚定意志。”

读完这两段话，你是觉得第一段话比较符合自己的情况，还是第二段话比较符合呢？还是你觉得这两种情况都很符合自己。“我为人开朗，而且随和顺从、品格正直啊！可是，说话好像也没有那么直接，没有那么优柔寡断吧！”是不是觉得，第一段话中有符合的条目，第二段话中也有符合的条目，好像说的都是自己，又好像都不是？

其实，第一段话是星座测试中对“白羊座”的解释，第二段话是对“天秤座”的解释。那么你是不是要纠结，自己究竟是白羊座，还是天秤座呢？抑或，两个都不是，因为其实自己是水瓶座！如果你翻开 12 星座测试，从摩羯座到射手座通通看一遍，就会觉得自己好像哪个星座的特点都有一点，而哪个星座的解释都没有 100% 符合自己的个性。这就是心理学中说的巴纳姆效应。

1948 年，心理学家伯伦特·福勒通过实验证明了一种十分常见的心理学现象，这种心理学现象被称为“巴纳姆效应”。

伯伦特·福勒安排被试做一份明尼苏达多项人格调查表（由明尼苏达大学教授哈瑟韦和麦金利制定，是迄今为止运用最广泛且颇具权威的一种纸笔式人格测验）。之后，伯伦特·福勒会拿出两份人格测试的结果，然后让被试自己判定到底哪一份才是自己的测试结果。

在这两份测试结果中，其中一份是被试自己的结果，另一份则是大多数人的平均结果。在伯伦特·福勒的询问下，大多数被试认为后者更准确地表达了自己的人格特征，也就是说认为后者才是自己的测试结果。

这个实验结果证明，大多数人很容易相信一个很笼统的、一般性的人格描述特别适合他。即使这个人格描述显得十分空洞，但是人们还是愿意相信这就是自己的人格特征。

有的心理学家甚至把这个实验搬进了校园。他把一段笼统的、几乎适合任何人的话拿给一个年级的学生看，然后让那些学生判断这段话是否描述出了自己的人格特征。调查的结果是，大多数学生认为，这段话把自己的人格特征描绘得十分精准且细致入微。这个调查结果同样验证了巴纳姆效应。

针对伯伦特·福勒所提出的巴纳姆效应，法国的相关研究人员还专门做了一个实验，这个实验的目的是说明人们为什么会觉得星座性格分析、血型性格分析的描述十分符合自己的情况。

研究人员把当时已经被捕的、震惊整个法国社会的杀人魔马塞尔·贝迪德的出生年月日等一些资料寄给了一家在当时十分权威的星座分析报告公司。据说，这家公司号称自己是根据高科技软件得出的精准的星座报告。总的来说，这家公司在星座分析领域是绝对的权威。当然，这家公司并不是慈善机构，不会白白为人们提供服务，他们的星座报告费用是十分高昂的。

三天之后，研究人员就接到了这家公司邮递过来的一份详细的星座报告。这份报告的内容大致如下："此人的适应能力很强，而且为人活泼好动。在日常生活中，他是一个活力四射的人，他的人际关系比较融洽。而且，他是一个富有智慧的人，道德感十分强烈且生活富足。"

除了这份报告之外，这家著名的星座分析公司还专门根据马塞尔·贝迪德的出生年月日做了一个预测。在这份预测报告中说，马塞尔·贝迪德在 1970 年～ 1972 年期间将会拥有自己的感情生活。

可是事实是，这个被分析为"道德感强烈"的马塞尔·贝迪德是一个著名的杀人魔，他的双手沾满了 19 个无辜生命的鲜血。想必，如果马塞尔·贝迪德本人看到这份报告也会觉得无比讽刺吧！而且星座公司所预测的马塞尔·贝迪德会在 1970 年～ 1972 年期间拥有自己的感情生活，这一论断也被事实打破了，因为马塞尔·贝迪德在 1948 年的时候被判处死刑。

在得到这份星座分析报告后不久，研究人员很快又将发动第二次世界大战的希特勒的出生日期等资料发送给了其他同样享有盛名的星座分析公司。为了保证调查结果的准确性，研究人员还专门请来了五十多名并不知道希特勒具体出生日期的星座研究人员来分析希特勒的人格特征。

结果研究人员综合星座公司给出的报告后，得出了这样一个结论：出生在这个日子的人是非常有爱心的，十分喜爱动物，且是一个和平拥护者。

最后，研究人员又请那五十多位星座研究者总结一下希特勒的人格特征，于是具有讽刺性的一幕又出现了。星座研究者中的大多数人都认为希特勒应该是阴险狠毒的天蝎座，只有两个人认为希特勒是一个完美主义的射手座。但是，事实上希特勒的出生月份是四月，而天蝎座和射手座都是在冬天出生的。也就是说，希特勒的星座与这两个星座之间没有一点儿关系。

根据这一系列的调查结果，法国研究人员认为，人们之所以认为算命、星座或生肖等预测对自己而言十分准确，主要原因就是受到巴纳姆效应的影响。而且，研究人员还认为除了心理学方面的原因外，还可以用概率学的原理来分析这种现象。所有的事物就像我们日常生活中使用的硬币一样，都是具有两面性的。所以，星座公司给出的这些预测其实也具有两面性，也就是说这些预测具有50%的成功率。

为了验证巴纳姆效应的确存在，心理学家不断设计实验，试图得出自己的结论。心理学家艾森克在1000个孩子中调查性格和星座的关系，结果发现，孩子在外向和神经质这两个特质上，和星座一点关系都没有。接着，艾森克将调查对象定为成年人，结果却非常符合占星术的说法。

很显然，出生时的星座和人的性格无关，成年人因为了解星座与性格之间的关系，因此主动朝着某一星座特质发展，也就是说，水瓶座的人会不自觉地按照水瓶座的描述塑造自己。实际上，星座描述非常概括，而且大部分是褒义的，试问，谁不喜欢听到欣赏自己的话，谁不希望自己是“优雅的、独立的、天性向往自由的人”呢？

需要指出的是，虽然“巴纳姆效应”是被伯伦特·福勒发现并用实验证明的，但是这个心理学理论的命名却是来自另一个人的名字。在20世纪50年代，心理学家保罗·米尔以美国一位有名的马戏团艺人菲尼亚斯·泰勒·巴纳姆的名字将伯伦特·福勒的实验结果命名为巴纳姆效应。保罗·米尔之所以这样做，是因为巴纳姆曾经说过一句名言：“任何一流的马戏团应该有能力让每个人看到自己喜欢的节目。”这句话精辟地道出了巴纳姆效应的内涵。

知人者智，自知者明

在日常生活中，人们常常认为十分笼统的、一般的人格描述准确地揭示了自己的人格特征，这种现象在心理学上被称为巴纳姆效应。可以说，巴纳姆效应存在于我们日常生活中的每个角落里。而伯伦特·福勒之所以用实验验证这个理论，就是为了告诫人们，在日常生活中一定要警惕巴纳姆效应，做到尽量客观真实地认识自己，不要受巴纳姆效应的影响。

其实，很早以前人们就已经意识到这个问题了，只是那个时候还没有明确提出巴纳姆效应的理论罢了。在两千年以前，古希腊人就把“认识你自己”这五个字作为箴言刻在阿波罗神庙的门柱上。

无独有偶，在中国的春秋时代，老子著书《道德经》，这部《道德经》一共只有五千多字。而惜字如金的老子在这部《道德经》中提出了“知人者智，自知者明”。由此可见，在老子心中自知之明是十分重要的。而自知之明就是在告诫人们要警惕“巴纳姆效应”对自己的影响。

放任不管的恶果

——破窗效应研究

破窗效应的现象在日常生活中随处可见。例如一面洁白的墙壁突然被弄脏了，如果不及时清洗，那么这面墙壁上就会出现更多乱七八糟的东西。

1969年，美国斯坦福大学心理学教授菲利普·津巴多做了一项实验，这项实验证明了破窗效应的存在。津巴多找来了两辆一模一样的汽车，把其中一辆安置在了加州帕洛阿托尔的中产阶级社区内，而把另一辆停在了比较脏乱的纽约布朗克斯的社区内。停在布朗克斯社区的那辆汽车，被津巴多故意摘掉了车牌，就连顶棚也被打开了。

实验的结果是，停在布朗克斯社区的那辆汽车不到一天就被人偷走了。而那辆停放在帕洛阿托尔的汽车，依然完好无损地停在那里，即使过了一个星期也安然无恙。

这个实验结果并不能说明破窗效应，因为有可能是不同环境的影响。于是，津巴多把那辆停放在帕洛阿托尔的汽车用锤子在玻璃上砸出了一个大洞。结果，仅仅过了几个小时，这辆汽车就不见了。

后来，政治学家威尔逊与犯罪学家凯琳在这个实验的基础上提出了“破窗效应”理论。破窗效应具体是指，如果有人弄坏了一幢建筑物窗户上的玻璃，而这块破损的玻璃又没有得到及时的修补，那么其他人就有可能受到某种示范性的影响，去弄坏这幢建筑物上更多的窗户。时间长了，这些破损的窗户就会给人造成一种没有秩序的感觉。这样，人们就会陷入麻木不仁的气氛中，从而导致犯罪的滋生与猖獗。

破窗效应的现象在日常生活中随处可见。例如一面洁白的墙壁突然被弄脏了，如果不及时清洗，那么这面墙壁上就会出现更多乱七八糟的东西。人们在一个环境很好且没有垃圾的地方，是不好意思乱扔垃圾的，但是如果看到地上已经有垃圾了，那么人们就会理所当然地把垃圾随手丢在地上，而且不会有任何羞愧之心。

纽约市警察局局长布拉顿在得知破窗效应理论后，将其应用到工作中并且取得了不错的效果。当时的纽约地铁被美国人认为是一个没有秩序、可以为所欲为的场所，而且犯罪率极高。

根据破窗效应理论，局长布拉顿采取了十分严格的控制措施，规定所有警察都必须重视维护交通规则，从小的方面入手。虽然当时的纽约地铁站内曾经出现过几起重大的刑事案件，但是局长布拉顿却要求工作人员严格执行检票制度，全力打击逃票的现象。之后，人们发现每七名逃票者中就有一名通缉犯；每十二名逃票者中就有一人的身上携带着凶器。

当这种严格的检票制度实行了一段时间后，局长布拉顿发现地铁站的治安状况有了极大的改善，犯罪率也随之下降。虽然布拉顿的做法在没有产生效果之前让人觉得不可思议，给人一种不知道轻重缓急的感觉，就好像“船沉了却在洗甲板”，有那么多刑事案件不去调查，反而小打小闹地管检票，但是却产生了不错的效果，也证明了小奸小恶的行为如果不加严惩，就会成为滋生更严重的犯罪行为的温床。这就好像一段河堤，如果有了一个小缺口而不修补，那么渐渐地就会造成崩塌的后果，带来巨大的损失，所以人们常说：“千里之堤，溃于蚁穴。”

破窗效应的理论同样可以应用到企业管理之中，强调严格执行制度的重要性。在一个企业内，虽然有些制度看起来微不足道，即使没有遵守也无伤大雅，但是却会对整个企业的环境产生不良的影响。例如有家企业要求每个员工上班时间都必须佩戴工牌，如果有员工违反了，将会受到罚款的惩罚。如果有员工违背了这一规定而没有受到惩罚，那么势必给其他员工一种暗示。渐渐地，越来越多的员工开始不佩戴工牌，企业的这项规定就形同虚设了，接下来，违反其他规章制度的现象也会逐渐增加。有些工厂的工人在生产过程中会出现不遵守安全规则的现象，一开始或许不会造成安全事故，但是却会让其他工人效仿。这样一来，安全事故出现的概率就会大大提高。

破窗效应的出现，主要基于人们的四种心理状态：第一种心理状态是颓丧心理，如果东西坏的时间长了，又没有人来修理，特别是公共场所的东西，人们对社会的信任度就会降低。第二种心理状态是弃旧心理，既然东西已经破损了，那只有将其放任自流。第三种心理状态是从众心理。既然大家都来破坏这个已经破损的物体，那么我也可以参与进去。而且法不责众，即使出了事也不用承担责任。第四种心理状态是投机心理。许多人在看到有便宜可占时，往往会毫不犹豫地占便宜。

及时止损，避免破窗效应

当然，并不是说破窗效应是不可避免的。威尔逊与凯琳在提出破窗效应理论的时候，就已经想到了制止这种现象出现的办法。他们认为破窗效应之所以会出现，就是因为没有及时对破损事物进行修复，如果修复工作及时进行，那么就不会出现破窗效应的现象。不及时修理，会给众人造成一种没有秩序的感觉，但是及时修理就可以打破这种印象，从而制止破窗效应的出现。

以貌取人背后

——晕轮效应研究

中国人常说，人不可貌相，海水不可斗量。说的是不可从外貌来判断一个人的才能，因为单凭外表提供的信息是无法真正了解一个人的。如今，尽管爱美之心，人皆有之，但“外貌协会”还是会遭到大家鄙视的，因为正统教育认为，内在美、心灵美才是真正的美。然而心理学研究表明，以貌取人并非浅薄无知，而是有一定道理的。

1920年，心理学家桑代克提出了“晕轮效应”这一概念。他认为，当人们去描绘他人的一种品质或多种品质时，倾向于放大某种优秀的品质，从而影响到对整个人的看法。

美国心理学家凯利曾经在麻省理工学院悄悄地做过一项实验，被试在不知不觉之中参加了凯利的实验，参加实验的被试是两个班级的学生，这项实验证明了晕轮效应的存在。

在实验进行的那一天，麻省理工学院的学生像往常一样去教室上课。但是让学生们惊讶的是，从来不会迟到的教授今天居然没有来上课。不久之后，一个陌生人出现了，他告诉大家，教授因为临时有事，所以让一位研究生临时代课。

然后，陌生人开始向学生们介绍这个代课老师的一些基本情况。陌生人对其中一个班级的学生说：“为你们代课的这位研究生是一个热情、勤奋、务实、果断的人。”但是对另一个班级的学生却说：“给你们代课的老师是一个冷漠、勤奋、务实、果断的人。”

下课之后，那个被人介绍为“热情”的研究生很受学生的喜爱，大家都愿意和这个研究生成为朋友。但是那个被人介绍为“冷漠”的研究生则没有受到学生的欢迎。需要指出的是，代课老师实际上是同一个人，只是介绍的内容不一样而已。

凯利认为之所以会出现这种现象，是因为上课前对代课老师的介绍词不同。正是因为这些不同的介绍，所以学生在上课的时候戴着有色眼镜看待代课老师。这样一来，这位代课老师也就被学生笼罩上了不同色彩的晕轮。

晕轮效应可能来自一套炫目的衣服，一张相貌英俊的脸，在晕轮效应的影响下，人们倾向于认定帅哥更聪明、更善于交际，美女更通情达理、更明白世故，其实就是人们将外貌上的优点放大，遮盖了对帅哥美女其他方面的判断。

有人说："上帝对人是公平的，他多给你一分美貌，就会少给你一分智慧。"如此一来，人们孜孜不倦地追求美貌，不是得不偿失了吗？其实不然，心理学家早已开始研究外貌和智力之间的关系，越来越多的研究证明，长相的美丑和智力的高低呈正相关，也就是说，有貌有才，无貌无才。这个说法是不是要打破"聪明人都很丑"的说法呢？先来看一下心理学家是如何得出"有貌有才，无貌无才"这一结论的吧。

1918 年，一份来自美国俄亥俄州的研究报告证明，人们可以从相貌来判断个体的智商高低。实验人员将十几张小孩照片展示给被试，照片上的小孩一个个都穿着考究，被试则由医生和教师组成。被试一致认为，相貌最娇俏的孩子最聪明，巧合的是，这个结果竟然和客观的智力测验相吻合。几年后，德国匹兹堡大学的心理学家做了类似的实验，采用的照片是百货公司的职员，结果得出了相近的结论。尽管无数实验证明，外貌和智力存在正相关，心理学家却搞不明白，到底人们是根据什么判断出来的。

一些被试认为，他们受到了赏心悦目的外表和笑容影响。不过，人们对笑容的理解是不同的，有的人将笑容看做智慧，有的人则认为笑容和低能、缺陷相关，也有被试认为，他们在对方的眼眸中看到了智慧的光泽。

1957 年，一项来自美国威斯康星州的研究提出了新的观点。男孩的相貌和智力无关，女孩的相貌和智力却呈正相关。不过，这种正相关是这样解释的：外貌靓丽的人可能非常愚蠢，但是长相丑陋的人不太可能聪明。

长相欠佳但是智力超群的家伙最为人们熟悉。历史上的名人大家也不乏这样的人物，法国的哲学家萨特便是其中一个。他身材矮小，右眼患有严重斜视，戴着一副大框眼镜，全身上下和美貌无缘，这并不妨碍他成为一个"丑陋的天才"，给后人留下宝贵的精神财富。讽刺的是，与萨特同时代的存在主义哲学家加缪则是个老帅哥，从照片上看，俨然一副硬汉派明星的风采。

作为聪明的美女，好莱坞的影星娜塔莉·波特曼是集美貌和智慧于一身的佼佼者。这位童星出身的女演员在 13 岁时便成为《这个杀手不太冷》的女主角，此后，她没有走入同大多数人一样因出名而堕落的童星之路，而是边读书边拍戏，18岁时，波特曼进入哈佛大学攻读心理学，后来在希伯来大学完成研究生学业，她还会说流利的希伯来语和法语。很显然，“漂亮女生没大脑”是不准确的，而“聪明人都很丑”也已经过时了。

年轻人没有搞明白“以貌取人”的玄机，但早早就学会了利用自身的特点。一年一度的招聘季，越来越多的简历上开始出现被电脑软件修饰过的一寸照。由于虚荣心和社会文化的影响，求职者希望给招聘方留下一个好的印象，于是用各种手段修饰自己，以获得最高的印象分。

这个方法也算是投其所好，因为招聘方有一个不成文的规定，当求职者的智力、能力各方面都差不多的情况下，雇佣漂亮的那个。招聘方也许不懂心理学，但他非常清楚，相貌传递着健康、基因、智力等多方面的信息，就像选择结婚对象一样，人们总是愿意选择漂亮的人。

社会调查发现，相貌丑陋者要比相貌一般者收入低，长相漂亮的人能够给企业创造更高的收益，因此收入更高。不要觉得不舒服，或者愤愤不平，这是一个不争的事实。受这种社会文化的影响，相貌欠佳者只好通过更努力的学习和工作，来弥补先天的不足，当然，也有人选择了一条方便快捷的途径改变自己的容貌——整形。

基于这种理由，社会上出现了这样一种观点：将聪明的基因和美丽的基因结合，可以培养兼具智慧和美貌的后代。比如，智力较高的男性处在社会的上层，他们通常会娶到模特或者电影明星做妻子，以获得更好的遗传基因。进化心理学家比较支持这种做法，生物学家则不太认同。他们认为，在遗传基因上，母亲贡献更多的智力，父亲贡献了容貌。不过，心理学界对这种说法依然有很大争议。

抛开染色体、遗传基因这些生物学的概念，聪明的父亲和美丽的母亲结合是具有社会学意义的。孩子在成长过程中，智力发展是受外部环境影响的，漂亮的小孩从小得到的关注更多，才智也就得到了更好的开发。

人们从相貌中可以看到智慧，也能看出一个人的性格。通过一段30秒的无声视频，观察者就能看出一个人是乐于助人还是自私自利。如果人类真的有这样的能力，不是比读心术还厉害吗？实际上，大多数人都能透过外貌看出一个人的品格。那些看起来友善的人确实很友善，看起来猥琐的人也确实很猥琐。

美国康奈尔大学用人脸的静态图片做了一次研究，图片中包括 32 名白人年轻人，年龄都是 20 多岁。这些人的脸上没有疤痕，没有文身，也没有浓密的毛发。其中一半是罪犯，另一半是普通人。实验人员要求被试通过照片判断这些人的罪行，比如谋杀、偷窃、强奸、纵火、贩毒等。

结果发现，被试不能分辨罪犯所犯罪行，但是完全能够分辨谁是罪犯，谁不是罪犯。但在判断强奸犯时，女性被试的判断总是南辕北辙。放过了那些真正的强奸犯，反而将真正的强奸犯看做无辜的人。或许，强奸犯罪本身和谋杀、纵火不太一样，罪犯首先能够获得女性的信任，而那些面相凶恶或猥琐的男性只会让女性避之不及。

美国心理学家利奥波德和他的助手萨姆·辛克莱尔·贝克多年来一直在研究行为、心理和社会经历对人的面部表情的影响，探明了人的情绪、行为、性格和面部表情之间的关系。人的表情由皮下微小肌肉的活动决定，这些肌肉对上面的皮肤、下面的骨骼产生牵拉作用，从而产生表情。看一个人的面孔，可以看到此人的气质、情绪和态度，怀疑还是信任、自信还是自卑、悲观还是乐观，都能通过面部肌肉固定下来，成为一个人真实性格的标志。

如果一个人平时总是忧心忡忡，愁眉不展，其眉头周围的肌肉会留下明显的痕迹，结果是，即使在平和的情况下，他也会显露出细微的忧愁情绪。就像《红楼梦》中的林黛玉，敏感多思，多愁善感，加之一身病，因此总是面容含愁，泪光点点，走起路来也是弱不禁风的样子。

而且，人脸的左半部和右半部是不同的，大多数面孔的右半部显露出愉快、敏感、脆弱和坦率，左半部则反映一个人严厉、隐晦、冷酷、抑郁等性格。心理学家证明，人脸的左半部表现出来的气质更接近真实。比如说，人脸左半部显露出活泼，右半部显露出冷酷，此人很可能是性格活泼开朗的，但是在后来的生活中经历了挫折和困境，才会变得冷酷、愤怒起来。

原因来自大脑左右半球的功能不同。人的右脑和知觉、创造力、接受印象、内在情感有关，左脑则和语言、数字、抽象能力有关。由于左右脑交叉控制人的身体，因此，内在情绪、深层情感从右脑出发，在面孔的左半部表现；经过意识控制的表情，也可以说是社会面具则从左脑出发，在面孔的右半部表现出来。

倒霉的普希金

晕轮效应也被称为光环效应，具体是指人们在对一个人进行认知判断的时候，首先是根据个人的好恶作出一定的判断，然后再从这个判断推论出这个人的其他品质的现象。

俄国著名文豪普希金是一个十分典型的受到晕轮效应影响的人。当时的俄国有一个叫娜塔丽娜的女人，长得十分漂亮，被称为“莫斯科第一美人”。正是在这种名头的影响下，普希金对这个美女产生了深深的向往。在见到这个女人之后，他也觉得这个女人十分美丽，并且疯狂地爱上了她。

尽管普希金表现得十分热情，娜塔丽娜却对普希金一点兴趣也没有。但普希金并没有因此而放弃，他经过一番努力，终于如愿以偿让娜塔丽娜成为了自己的妻子。

但是婚后生活并没有让普希金感到幸福，因为普希金虽然十分喜爱娜塔丽娜的美貌，可是并不喜欢她的兴趣爱好。普希金喜欢写诗，每当他把自己所写的新诗读给娜塔丽娜听时，娜塔丽娜都会表现得十分冷淡。

娜塔丽娜把自己所有的热情都投入到了一些十分奢侈且豪华的晚会上。她还经常拉着普希金一起参加宴会，因为普希金的名头可以满足她的虚荣心。而举办宴会需要耗费大量的金钱，就这样，普希金变得负债累累。

后来，娜塔丽娜和一个名叫丹特斯的男子开始暧昧不清，普希金知道后十分愤怒，在盛怒之下决定和丹特斯进行决斗。丹特斯是法国宪兵队的队长，身为诗人的普希金自然不是丹特斯的对手。最终，普希金身受重伤、不治身亡，年仅 38 岁。

得寸进尺

——登门槛效应研究

我们时常告诫自己和别人，不要得寸进尺。但实验证明，得寸进尺是一种有效的心理策略。

登门槛效应是一种常见的心理现象，又被称为得寸进尺效应，具体是指一个人在满足另一个人微小的要求后，为了避免认知上的不协调，或者是想给他人留下一个前后一致的印象，就有可能接受对方更大的要求。就像我们在跨过对方的门槛之前，需要攀登一层层阶梯，小要求得到满足后，再提出进一步的要求，就比较容易被对方接受了，所以人们把这种心理现象称为“登门槛效应”。登门槛效应的运用在销售行业比较常见，因为人们往往会直接拒绝对方所提出的比较高的要求，但是却乐于接受一些容易满足的要求。在此基础上，销售人员就可以一点一点地朝着自己的目标前进了。

登门槛效应的提出可以说是一个意外，美国社会心理学家弗里德曼和弗雷瑟在1966 年做了一项无压力的屈从实验，他们就是从这项实验中发现了登门槛效应。

在实验过程中，心理学家首先派出了一组人去随机访问一些家庭主妇，并且向这些家庭主妇提出一个要求，让她们把一个小招牌挂在自家的窗户上。这是一个不费吹灰之力就可以满足的要求，所以这些家庭主妇都毫不犹豫地答应了实验人员的这一要求。

过了一段时间后，心理学家又派出相同的人员去拜访之前的家庭主妇，然后向家庭主妇提出了一个较大的要求，也就是把一个较大且不美观的招牌挂在自己的窗户上。实验人员自认为这是一个无理的要求，应该会遭到大多数人的拒绝。但实验结果证明，大多数的家庭主妇都同意了这样的要求，忍受那个巨大且丑陋的招牌霸占着自家的窗户。

为了对照，心理学家同时还派出了另一组实验人员去拜访其他家庭主妇，实验人员会按照心理学家的要求直接向这些家庭主妇提出一个无理的要求，即把一个较大且不美观的招牌挂在自家的窗户上。结果与前一组正好相反，只有极少数的家庭主妇同意这一要求，绝大多数家庭主妇都表示自己无法忍受这块招牌。

心理学家为了进一步证明登门槛效应的存在，专门设计了同类型的实验。心理学家让实验人员分别到两个不同的居民区去完成劝说的任务——劝人们在家门前竖立一块写着“小心驾驶”的大标语招牌。其中，实验人员会向第一个居民区的人们直接提出竖立大标语招牌的要求，结果遭到了大多数居民的拒绝，统计后发现只有17%的居民同意这一要求。实验人员在向第二个居民区的人们提出这个要求之前，首先向人们提出了一个轻而易举就可以满足的小要求，即请求居民在一份呼吁安全驾驶的请愿书上签字，结果绝大多数居民都同意签字。过了一段时间后，实验人员会找到这些居民并且提出在门前竖起写着“小心驾驶”的大标语招牌的要求，大多数居民都同意了这一要求，经过统计后发现同意的居民比例居然高达55%。

登门槛效应之所以会产生这种效果，心理学家认为这与人们的特殊心理机制有关。一个人一旦接受了他人的一个小要求之后，那么这个人很可能会答应对方下一个更大的要求。在面对他人的小要求时，人们一般很难拒绝，因为这样会显得自己是一个冷漠的、不愿意伸出援助之手的人，而这个微不足道的小要求对自己而言是很简单的。

当一个人决定满足对方的小要求时，就落入了陷阱当中，很难全身而退。所以，当对方再次向他提出一个更大的要求时，这个要求就会和上一个要求之间产生联系，我们的心理状态会让自己在这种不自觉的联想中顺理成章地接受，以保持自身乐于助人的良好形象。这种做法往往比一开始就向他人提出较大的要求更容易获得成功，属于一种技巧性的心理引导。

在下着瓢泼大雨的一天，有个乞丐被淋湿了，无奈之下乞丐随机敲开了约翰太太的家门。约翰太太打开门后看见了一个被雨淋湿的乞丐，就打算关上门。这个时候，乞丐请求道："夫人，我只有一个小小的要求，请您让我进去避避雨，雨停了我就走。"

约翰太太是无法拒绝这个简单的要求的，不然就显得她太没有人情味了。于是，约翰太太就让乞丐进入家中，并且还主动为乞丐提供了一把椅子。乞丐休息了一会儿后对约翰太太说："我的衣服都被雨淋湿了，能不能请您给我点燃炉火，让我把衣服烘干。"

听到这个要求后，约翰太太也答应了，因为约翰太太认为既然已经让对方进门了，那么满足一下这种小要求也没什么。乞丐烘干衣服后，就从上衣的口袋里拿出了一块石头，对约翰太太说："善良的夫人，我想借您的锅用用，我想煮点儿石头汤喝。"这点小要求对约翰太太来说也不算什么，而且约翰太太从来没有听说过什么石头汤，于是就在好奇心的驱使下答应了乞丐的要求。当乞丐把水烧开后，又向约翰太太讨要了一点儿盐，约翰太太同样轻松地答应了。之后，乞丐又向约翰太太讨要了一点儿调料和肉末，就这样乞丐享用了一锅美味的肉汤。雨停之后，乞丐心满意足地告别了约翰太太。

乞丐的要求看起来是有点儿得寸进尺，但是却实现了自己的目的。这种"得寸进尺"的做法还经常出现在商家的销售活动中。

百事可乐在刚刚诞生之际曾经喊出了这样的口号："要成为全世界消费者最喜爱的可乐。"面对百事可乐的"狂妄"，可口可乐并没有予以重视，并且认为百事可乐是不可能对自己构成威胁的，它成不了气候。

百事可乐在进驻中国市场之初，为了获得中国消费者的认可和喜爱，决定采用特殊的营销手段。当时中国的饮料市场还没有完全转型为市场经济，计划经济依旧占据主导地位，销售人员每天只呆在办公室内工作，不会走出去推销自己的产品，销售商想要采购饮料，就必须自己和厂家联系并提货，销售人员不会起任何作用。

百事可乐公司的管理层决定招聘大量的销售人员，然后让这些销售员拿着百事可乐的饮料出去推销。就这样，大量百事可乐的销售人员出现在上海的大街小巷与普通消费者面前。面对一种新兴的饮料，上海人一般不会接受。所以，销售人员的工作面临很大的困难和阻力。

有的销售人员开始改变之前的销售策略，当消费者告诉他没有购买的打算时，销售人员不会马上走开，而是诚恳地对消费者说："我有点儿累，能让我站在你家门口休息一下吗？"这种小要求人们都不会拒绝。有不少消费者看到销售人员挺辛苦的，就试着买一瓶百事可乐尝尝看。消费者尝过百事可乐后觉得还不错，于是就会向亲朋好友推荐。就这样，百事可乐成功地打开了中国市场，并且渐渐发展成为与可口可乐相抗衡的可乐饮料公司。百事可乐之所以会获得巨大的成功，很大程度上得益于销售人员巧妙地运用了登门槛效应。

灵活运用登门槛效应

在我们准备向他人提出一个较高的要求时，可以利用登门槛效应，从小的要求着手，这样更容易得到满足。同时作为消费者的我们，也应该避免被登门槛效应绑架，掉进商家的陷阱。

随大流，跟风跑

——从众心理研究

从众的现象实在是太普遍了。在熙熙攘攘的街头，如果有一个人驻足观看某一幢建筑，接下来就会有人慢慢聚拢来，五个十个甚至更多的人跟着一起抬头看；大街上两个人吵架，本不是什么大事，路过的人驻足观看，就吸引了大批人就近围观，结果人越来越多，连交通都瘫痪了，站在最后面的人都不知道，不过是发生了稀松平常的一场吵架；在一间屋子里，如果只有你感觉冷，其他人都说热，你一定会怀疑，是不是自己搞错了，或者自己正在发烧，才会感觉冷。在你伸手摸额头的瞬间，你的意识已经做出判断——“我有可能会搞错，但一屋子人不会搞错。”

美国作家詹姆斯·瑟伯曾经用一段文字描述从众心理：“突然，一个人跑了起来。也许是他猛然想起了与情人的约会，现在已经迟到很久了。不管他想些什么吧，反正他在大街上跑了起来，向东跑去。另一个人也跑了起来，这可能是个兴致勃勃的报童。第三个人，一个有急事的胖胖的绅士，也小跑起来……十分钟之内，这条大街上所有的人都跑了起来。”

对于从众，心理学家也有不同的观点。心理学家戴维·迈尔斯认为，从众是个体在真实的或想象的群体压力下改变行为与信念的倾向，斯蒂芬·弗兰佐将从众定义为对知觉到的群体压力的一种屈服倾向。尽管对从众的定义描述有差异，但实质是基本相同的，即从众是在压力下发生的行为改变。

心理学中，美国著名的社会心理学家谢里夫是最早从事从众行为研究的人。1935 年，他发表了自己的研究报告，反驳了高尔顿·奥尔波特关于群体问题的观点——他人在场对一个人完成任务具有促进作用，随着任务难度加大，可能会产生抑制。谢里夫则认为，群体不是个体的简单组合，群体大于个体之和。谢里夫使用的实验方法是“游动错觉”。

游动错觉指的是在一个黑暗的屋子里，当人们盯着一个静止不动的光点时，会感到光点向各个方向移动。实验时，谢里夫将被试分成 3 人一组，然后要求其判断光点移动的距离。每一组判断之后，将自己的结果告诉其他组的人。一开始，被试判断上的差异很大，有的人认为光点移动了零点几英寸，有的人则认为移动了七八英寸。

渐渐地，被试的判断开始趋向一致。到第三个阶段时，所有被试的判断基本上一致，好像冥冥中形成了一个共同的标准似的。很显然，实验从开始到结束，被试之间形成了一个群体规范，这个规范对每个人都产生了影响，而且是不自觉的影响。实验结束后，谢里夫询问被试，他们在进行判断时是否受到他人影响，所有人都给出了否定的答案。

1951 年，社会心理学家所罗门·阿希进行了社会心理学中最经典的从众行为研究，即“阿希实验”。后来，“阿希实验”成为一个心理学专有名词，被收录在心理学词典中。阿希做的也是视觉判断的实验。实验人员给被试呈现 18 组卡片，每组卡片中的第一张都是一条垂直线段，即标准线段，第二张是 3 条垂直线段，即比较线段。比较线段中，有一条和标准线段一样长，被试的任务就是找出那条线段来。18 组卡片的不同在于，标准线段和比较线段的位置在发生变化。

实验人员将被试分为 7 人一组，让 7 个被试一起围着圆桌子坐下，然后呈现卡片，要求被试作答。第一组卡片，每一位被试根据自己的判断作答，7 个人的判断结果一致，而且都是正确的。第二组卡片依然如此。第三组卡片出现时，坐在第一位的被试给出了一个错误答案，接下来的 5 位被试依次给出错误答案，到第 7 位时，他开始有些疑惑，不知道该相信自己的判断，还是跟随他人的意见，最后，他小声说出了自己的答案。呈现第四组卡片时，第 7 位的答案和前面 6 位还是不一样，看着前几位被试眼神坚定的样子，他最终放弃了自己的判断，认可了其他人的判断。这时，从众行为发生了。

其实，一切都是安排好的。7 人一组的实验，只有第 7 位是真正的被试，其他人都是实验助手，即所谓的托儿，他们的存在就是为了干扰被试的正常判断。他们在前两组卡片呈现时给出正确答案，在第三组卡片呈现时给出错误答案，从而影响第 7 位被试的反应。阿希在 3 所大学，共 123 名大学生中做了这个实验。结果只有四分之一的被试拒绝屈从群体意见，其他人都在群体压力下改变了自己的想法，哪怕他的最初想法是对的。

从众来自群体压力。人们总是选择相信一群人，而不是一个人，即使一群人的观点和理所当然的判断完全相反，个体也会随大流，跟着走。表面上看，从众是一个理性的判断。跟着大多数走，因为人们相信，众人的智慧一定胜过个体的智慧。即使错了，责任是大家的，即责任分散，即使做了错事，也会因为人口基数大而减轻负罪感。

阿希的研究报告发布之时，恰好二战结束，人们正在反思纳粹的暴行。为什么德国军人会那样服从，毫不怀疑地执行上司的命令，残害数以万计的无辜生命。阿希的研究证明，即使人们标榜个性，主张每个人都具有独立的思考和判断力，事实上，独立思考和判断不过是人的理想状态，然而人们尚不能做出完全独立的判断，尤其是面对群体压力时，个人的思考和见解都埋没在群体压力当中了。

在阿希实验之后，心理学家开始研究从众的原因。动物具有明显的从众本能。在动物群体中，一致行动是长期进化的结果，羊群、瞪羚等草食动物集体活动，可以提高种群的生存概率，尤其是幼崽的生存几率；狮子、鬣狗等集体活动，也会大大增加狩猎成功的几率。可以说，从众行为是具有进化优势的。

从经济学角度来说，从众能够获得一定的报酬或者规避风险。当需要为某一个重要问题做决策时，趋同会规避掉决策者独自一人承担的风险，为了逃避惩罚，决策者也会与他人趋同，推卸掉自己的责任。

拿单个人来说，自我意识强的人，喜欢按照自己的方式进行判断，不容易做出从众选择；公众意识强的人常常将他人的期望作为行为标准，因此更容易从众。尽管人们希望用从众的方式避免他人的消极评价，有时候，人们也会用拒绝从众来显示自己的与众不同。

对个人行为控制欲望强的人不会从众，当控制自由受到限制时，人们会用拒绝来保持自由。学生团体中比较常见，如几个人告诉 A 不要和某个人交朋友，不喜欢被别人掌控的 A 却偏偏要和这个人来往，通过拒绝，A 保持了自己的自由。此外，社会地位越低的人，越可能从众；对他人或组织的承诺越大，越可能从众；女性的从众倾向比男性高，不过，最新的研究表明，女性只有在面临当面反对对方时会选择从众。

环境因素则包括群体的规模和凝聚力。在阿希实验中，实验人员通过改变人数来观察从众行为，最初，随着人数的增加，从众行为也在增加，但是，一旦超过 4 个人，人数的增加和从众行为已经没有必然的联系了。当人数达到 15 人时，人数对从众行为的影响和 4 个人差不多。此外，群体凝聚力越大，从众的压力越大，个体更容易放弃自己的意见，跟随大多数人行动。

在一个群体中，人际关系也是决定从众与否的重要因素。人多就会构成一种压力，在众口一词的情况下，很少有人能够从始至终坚持自己的意见，尤其是那些善于做出准确判断的人，所谓“木秀于林，风必摧之”，便是这个道理。做出与众不同行为的个体，不仅会面临被其他成员孤立的处境，还可能遭受背叛和惩罚。

模仿别人的做法

当然，从众行为并不是毫无方向的。就像羊群总是跟着头羊一样，人在决定是否从众、从哪一方的众时，会根据所从之众的权威性做出判断。模仿也是同样的因素，就像在人行横道闯红灯的人，只要一个人迈出了闯红灯的第一步，其他人就陆陆续续地跟着。如果所有人都在等，那么又会产生另外一种从众——在共同遵守交通规则的群体压力下，没有人愿意迈出第一步。

牢固的第一印象

——首因效应研究

在人与人的交往中，第一次见面时留给他人的印象，往往会在对方的头脑中占据优势地位，并且会影响对方对你的看法，所持续的时间也比较长，甚至会影响你们以后的交往。这种现象在心理学上被称为“首因效应”，也叫做“第一印象效应”。第一印象从本质上来讲是一种优先效应，因为当一个人对另一个人进行判断的时候，会综合不同的信息，可是总会不自觉地倾向于重视第一印象。相关研究还证明，人们在第一次见面的时候，会在短短的 45 秒内产生第一印象。

最早用实验证明首因效应存在的是美国社会心理学家洛钦斯，这项实验是在1957年进行的。洛钦斯还专门为这次实验设计了两段故事作为实验的材料。这两段故事描写了一个名叫詹姆斯的学生的生活片段。在第一段故事中，洛钦斯倾向于把詹姆斯描绘成一个热情且性格外向的人；在第二段故事中，洛钦斯倾向于把詹姆斯描绘成一个冷漠且性格内向的人。

第一段故事：一天，詹姆斯和两个朋友相约一起去文具店买东西。这是一个晴朗的好天气，詹姆斯和他的两个朋友沐浴在阳光下，懒洋洋地朝着文具店走去。詹姆斯看见了一家文具店，就走了进去，但是文具店顾客很多，店员非常忙碌，没有注意到刚刚进来的新顾客。无奈之下，詹姆斯只好在旁边等待着引起店员的注意。非常无聊的詹姆斯突然发现站在旁边的那个人是自己的同学，于是就主动地和同学聊起天来。詹姆斯买好文具之后向店外走去，中途又遇到了一个朋友并和朋友打了声招呼，然后朝学校走去。詹姆斯在前往学校的路上又遇到了一个女孩子，前几天两人刚刚认识，他们说了几句话就告别了。

第二段故事：放学后，詹姆斯决定独自一人回家。这个时候，太阳还没有完全下山，阳光显得有些刺眼，詹姆斯特意挑选了一条有树荫的道路缓缓地走着。过了一会儿，詹姆斯发现马路对面的女孩是自己几天前刚认识的，不过他并没有主动上前去打招呼，而是选择穿过马路去一家快餐店。正值放学之际，快餐店内挤满了学生，詹姆斯只好安静地排队等待，等待过程中詹姆斯发现了几张熟悉的面孔。后来，柜台的服务员终于注意到了等待的詹姆斯，詹姆斯买了饮料之后就挑选了一张靠着墙壁的椅子，安静地坐在那里喝饮料，喝完之后他就回家了。

洛钦斯还分别对这两段故事进行了四种形式的排列组合：

一种排列方式是将描绘詹姆斯外向热情性格的材料放在前面，把描绘詹姆斯内向冷漠性格的材料放到后面；

一种排列方式是将描绘詹姆斯外向热情性格的材料放在后面，把描绘詹姆斯内向冷漠性格的材料放到前面；

一种是只向被试提供描绘詹姆斯外向热情性格的材料；

一种是只向被试提供描绘詹姆斯内向冷漠性格的材料。

之后，洛钦斯选择了一些学习能力相当的中学生来作为他实验的被试，分别向被试提供不同排列组合的材料，并且让被试对詹姆斯的性格做出判断。

结果表明，观看第一种排列组合材料的被试中，有78%的中学生都认为詹姆斯是一个比较外向而且热情的人；观看第二种排列组合材料的被试中有82%的中学生都认为詹姆斯是一个比较冷淡而且内向的人；观看第三种排列组合材料的被试中，有95%的中学生都认为詹姆斯是一个性格外向而且热情的人；观看第四种排列组合材料的被试中，有97%的中学生认为詹姆斯是一个性格内向而且冷漠的人。

洛钦斯的实验结果充分证明了首因效应的存在以及第一印象对人的影响。在现实生活中，第一印象主要取决于这个人的性别、年龄、衣着、姿势和面部表情等外部特征。因为人们认为这些外部特征可以从一定程度上反映出这个人的性格。相关研究证明，那些在人们的第一印象中留下了友好、大方和随和特征的人往往比较容易得到人们的喜爱。这种现象在儿童身上表现得尤为明显，当儿童见到一些慈眉善目或是笑脸相迎的人往往都会喜欢，如果此人能再给予儿童一定的表扬，那么儿童的情绪会变得更快乐，也会更喜欢这个人。相反，那些长相凶神恶煞或是冷眼相对的人往往都会被儿童所厌恶，有些年龄较小的儿童甚至会采用哭泣的方式来表达自己对此类人的厌恶之情。这是因为我们每个人都希望能够得到他人的尊重和注意。

心理学家曾经做过一个实验，在实验过程中，实验人员让两个学生分别接受一项有 30 道题目的测试。其中，学生 A 所答对的题目集中在前 15 道内；而学生 B 所答对的题目集中在后 15 道中。

然后，实验人员让被试对学生 A 和学生 B 进行评价，看看哪个学生更聪明一些。统计结果后发现，大多数被试都认为学生 A 更聪明。而事实上，这两个学生一样聪明，因为他们答对的题目是一样的，出现错误的题目也是一样的，只不过排列的方式不同而已。这个结果同样说明了首因效应对人的影响力。因此，许多人都非常注意自己留给他人的第一印象，例如新上任的官员总是非常注意刚刚上任时的“三把火”。

心理学家还曾经做过这样一个实验，在实验中实验人员把被试随机地划分为两个小组，并且让所有被试观看同一张照片，然后让被试对照片上这个人的外貌及其性格特征做出评价。实验人员对第一组的被试说：“你们所看到的照片上的这个人是一个罪犯。”对第二组的被试则说：“你们所看到的照片上的这个人是一位著名的科学家。”

实验结果显示，第一组的被试均表示：“这个人深深凹陷的双眼中充满了邪恶，而宽大的脑门则说明了他不思悔改的心理。”第二组被试则表示：“这个人深邃的目光表明了他深刻的思想，宽大的脑门则说明了他为科学献身的顽强意志。”

这个实验结果说明首因效应会使人们产生一定的心理定式，这种印象会影响人们对他人其他品质的发现。如果一个人对另一个人的第一印象不好，那么就会尽量避免和他进行后续的接触，甚至会产生对抗的心理。

不要迷信第一印象

首因效应虽然可以让我们在短时间内对一个陌生人做出判断，但是也容易让我们判断失误，因为“路遥知马力，日久见人心”，只有经过深入的接触，才能真正了解一个人。

倾听和关注的力量

——霍桑实验

生活中，人们因为各种各样的理由而抱怨、不满，以消极的态度面对一切。即便我们不能帮助他们解决问题，积极关注和耐心倾听也足以让他们化解内心的失落，变得更加积极主动。

20 世纪 20 年代左右，在美国芝加哥市郊外有一家颇具规模的工厂，即霍桑工厂，霍桑工厂是一家制造电话交换机的工厂。这家工厂的管理者为了让工人们的工作效率更高，建立了完善的娱乐设施、医疗制度和养老金制度等，但是该厂的工人对这些福利政策并不买账，工人们仍然愤愤不平，直接导致生产状况的不理想。

工厂的管理者为了找到生产效率低下的原因，专门找来了相关的研究人员，霍桑实验就这样开始了。霍桑实验属于一项半参与的观察实验，因此这项实验一共进行了 8 年左右，从 1924 年 11 月开始，直到 1932 年才结束。在 1924 年 11 月到 1927 年 5 月期间的整个研究组是美国国家研究委员会组织起来的，这是一个由心理学家等多方面专业人士共同参加的研究小组，主要研究生产效率与工作的物质条件之间的关系。不过，这段时间的实验研究并没有取得多么显著的效果。后来，哈佛大学的心理学家乔治・埃尔顿・梅奥继续进行此项实验研究，这是霍桑实验研究的后期阶段，从 1927 年开始到 1932 年结束。整个霍桑实验的内容主要有四项，也可以看作是实验的四个阶段。

第一阶段：从 1924 年 11 月开始到 1927 年 4 月结束，被称为照明实验。当时有一种主流的观点认为，生产效率与工人的身体和心理状况密切相关，工人的生产效率之所以低下，是因为他们总是感到疲惫和单调。因此，研究者认为照明的强度与生产效率之间密切相关。研究者提出了这样的实验假设——“提高生产环境的照明强度可以减少工人工作时的疲惫感，使生产效率得到提高。”

照明实验一共进行了两年多，但是却没有取得显著的效果，因为研究人员发现照明强度的改变对生产效率并不会产生显著的影响。

霍桑工厂为了配合研究人员的实验研究，专门挑选了几名女工作为被试。研究人员把所有的被试随机分成两个小组，即实验组和控制组。实验开始后，研究人员让实验组和控制组工作环境的照明强度均增大，意料之中，实验组和控制组的生产效率都比平常高；后来研究人员一再降低实验组工作环境的照明强度，可是实验结果却出人意料，实验组和控制组的生产效率依然在提高。直到研究人员将实验组工作环境的照明度降低到像月光一样微弱，工人实在看不清楚的时候，生产效率才出现了急剧下降的趋势。

照明实验的结果说明，研究人员的假设不成立，生产效率与照明强度之间并没有直接的联系，影响生产效率的因素是其他方面的。两年的努力只换来了这样的结果，大多数研究者都无法接受这种失败的局面，开始丧失信心。因此，有一大批研究者退出了霍桑实验研究。1927 年，梅奥开始接手这项实验研究。

第二阶段：从 1927 年 4 月开始到 1929 年 6 月结束，被称为“福利实验”。这次实验的主要目的是研究福利待遇与生产效率之间的关系。在这两年多的时间内，梅奥等人通过改变被试工人的福利待遇（主要包括工资支付方式的改变、优惠措施的增加与减少、休息时间的增加与减少等），进而观察工人的生产效率是否出现了变化。

在实验正式开始之前，梅奥等人也对实验结果提出假设，这个假设主要涉及四个方面。（1）在实验中改变物质条件和工作方式，可以提高生产效率；（2）增加休息日和减少工作日，可以让工人减轻工作压力，养精蓄锐，更好地投入工作，从而提高生产效率；（3）安排一些娱乐活动，可以增加工人的生活乐趣，从而减少工作的单调感，提高生产效率；（4）实行计件的工资计算方式，多劳多得，可以提高工人的生产积极性。

实验结果与梅奥等人的假设基本上没有关系，不论梅奥怎样降低福利待遇，都不会影响工人生产效率的持续提高。为了找到原因，梅奥开始对参加实验的工人进行访问，但是工人自己都说不清楚最近为什么工作会这么积极。

后来，梅奥经过进一步的研究分析，总结出了以下两点引起产量提高的原因。（1）参加实验之前，被试曾经被管理者请到办公室谈话，被试很少甚至基本上没有见过工厂领导，所以感到受宠若惊，进而认为参与这项实验是一种莫大的荣誉。带着这种荣誉感去参加实验，自然会比以往变得更加积极。这一点表明，一个人工作上的自豪感可以使一个人的积极性得到显著的提高；（2）参加实验的被试之间的关系很好，因此工作氛围会变得轻松愉快，这种心态有利于生产积极性的提高。这一点说明，改善工人之间的人际关系，可以改变工人的工作态度，从而达到提高生产效率的目的。

第三阶段：从 1928 年 9 月开始到 1930 年 5 月结束，被称为“访谈实验”。在福利实验中，梅奥了解到工人的工作态度对生产效率的重要性，于是决定在工厂中推行一项访谈计划，这样就可以了解工人对该工厂的管理方式的看法以及他们提出的建议，这些都是该厂的管理者需要借鉴的。

在不到两年的时间内，梅奥等研究人员一共对工厂中的两万名左右工人进行了访谈。起初，梅奥等人想通过对工人的访谈，让工人针对管理者的管理方式和态度以及工作条件等问题说出自己的意见。但随着访谈的推进，梅奥等人的最初设想发生了偏转。工人对管理者的管理方式和态度以及工作条件等问题并不感兴趣，因为那属于管理者的工作，他们更感兴趣的反而是研究人员所忽略的一些小事情。工人会向研究人员抱怨，这些抱怨有工作上的不顺，也有日常生活中的鸡毛蒜皮。

梅奥发现这一现象后，决定按照工人的意愿实施接下来的访谈计划，于是他召开会议，更改原先的计划，告诉所有研究人员，访谈的内容不再局限于之前的那些，可以随着访谈的情况而做出改变，访谈的时间也从之前的半个小时延长到一个小时甚至是一个半小时。此外，梅奥还要求研究人员在进行访谈的时候，要遵守多听少说的原则，认真倾听工人的抱怨，并且进行详细的记录，不得对工人的谈话做出批评。

之后，梅奥等人对工人的抱怨进行了分析，结果发现引起工人对工厂不满的原因与实质原因并不一致，有时候工人会抱怨工资低，其实并不是因为工厂给的工资低，而是因为该工人的家庭面临着一定的经济困难。

通过这项访谈计划，梅奥发现影响工人生产效率的原因很大程度上是工人的个人问题。所以梅奥向工厂的管理者提出了建议，应该多关心一下工人的生活，从而了解工人所面临的实际困难。

在不到两年的访谈计划中，梅奥发现整个工厂工人的生产效率都得到了提高。这是因为工人一直以来内心积累着很多不满，但是又无法发泄出来，而梅奥的访谈计划恰恰给工人提供了一个发泄的渠道。不满的情绪被发泄出来之后，工人的心情开始变得舒畅起来，这直接促使了生产效率的提高。

最后，梅奥向工厂的管理者提出了这样的建议：对所有管理者，尤其是基层的管理者进行专业训练，使他们可以认真倾听工人的想法，这样会让工人感受到来自管理者的关心，进而提高工人的生产积极性。

第四阶段：实验从 1930 年 5 月开始直到 1932 年才结束，被称为“群体实验”。在上述实验中，梅奥等人感觉到在工人之间存在着一种非正式的团体组织，而且能够对工人的工作态度产生重要的影响。所以梅奥等人便设计了一项群体实验，这项实验的目的是了解团体与个体之间的相互联系以及影响。梅奥一共挑选了 14 名工人作为被试，而且均为男性。其中有 9 名工人是绕线工，3 名是焊接工，2 名是检验工。所有被试与其他工人隔离开来，在一个单独的房间内完成自己的工作。

梅奥决定对 14 名被试工人实行特殊的计件工资制度，告诉所有被试，他们可以尽力工作，因为多劳多得。本来，梅奥认为计件工资制度可以提高工人的生产效率，让所有工人更加努力地工作，从而提高产量，因为只有这样，工人才可以获得更高的报酬。

不过，实验结果与梅奥的预计完全不相关，梅奥发现工人的生产效率一直保持在一个中等的水平上，也就是说计件工资制度并没有产生效果，每个工人的日生产量基本上都一样。而且有些工人并不如实报告自己的产量，即使产量高了，也宁愿和大家保持相同的水平。梅奥规定这 14 名工人的日工作量是每天 7312 个焊接点，但是工人每天完成了 6000 ～ 6600 个焊接点就主动停止手中的工作，即使这个时候距离下班的时间还很早，他们也会选择休息。

为了解释这种奇怪的现象，梅奥决定展开深入的调查。经过调查后梅奥发现，工人们之所以愿意把产量维持在中等水平，是担心过高的产量会促使管理者改变现有的奖励制度，这是为了维护他们这 14 个人所组成的团体的利益。由于工人的工作能力是参差不齐的，有的工人完成了高产量，就会给其他同伴带来压力，让产量低的同伴受到惩罚，甚至会让管理层产生裁员的想法，使其他同伴失业，还会让工厂的管理者制定出更高的生产额度。

所以在工作的过程中，14 个人经过短时间的磨合后，就自然而然地在这个团体中产生了一些不成文的规则，需要每个人遵守。这些规则就是，谁也不能提高产量，突出自己；谁也不能降低产量，拖大家的后腿。还有一条最重要的规则，那就是所有人都必须遵守保密的原则。如果有工人违背了上述的规定，就会遭受惩罚，轻则会遭受同伴的嘲讽、辱骂；重则会挨同伴的拳头。所以工人们为了维护团体的和谐，为了使自己更好地融入这个群体之中，就会主动放弃所谓“多劳多得”的物质利益的诱惑。

梅奥为了准确了解所有工人工作能力上的差别，还专门为所有工人安排了灵敏度和智力的检测。检测结果发现，有 3 名工人在灵敏度的测验中名列前茅，其中 1 名工人在灵敏度检测中获得了第 3 名，而在智力检测中获得了第 1 名。而且，这 3 名工人的工作都是绕线。让人诧异的是，这 3 名工人的生产效率最低。这项测验结果更加说明了团体对工人生产效率的重要影响。

从管理者的角度来看，计件工资制度可以提高工人的生产量，从而获得更多的物质奖励，也可以减少工人受到惩罚或者面临失业的危险。但是，这些奖励却会使工人受到自己所属团体其他成员的惩罚，所以他们便会主动放弃这些奖励，从而降低自己的产量，只完成所有团体成员默认的生产量。

通过这项实验，梅奥提出了“非正式群体”的概念，认为在一个正式的团体组织中会渐渐地、自发地形成一些非正式群体。非正式群体与正式的团体组织一样，都有自己的行为规范，对团体成员的言行举止起到调节和控制的作用并加强团体内部的协作关系。

乔治·埃尔顿·梅奥（George Elton Mayo，1880 ~ 1949），原籍澳大利亚，美国管理学家、美国艺术与科学院院士、行为科学的奠基人、人际关系学说的创始人。梅奥 42 岁时在某基金会的资助下移居美国，并在美国宾夕法尼亚大学沃尔顿学院任教，从那个时候起，梅奥就开始从心理学的角度研究工人的行为，认为影响工人生产效率的因素有很多。5 年后，梅奥开始接手中断的霍桑实验。

经济人与社会人

霍桑实验所取得的研究成果在管理学历史上是具有划时代意义的。之前的管理者都把人视为“经济人”，认为想要提高人的工作积极性，就必须用金钱进行激励。但是霍桑实验的结果却打破了这一假设，认为人是“社会人”，想要调动人的工作积极性，就必须从社会关系、心理状态等多方面因素入手。

我们嫉妒谁

——嫉妒实验

嫉妒是一种负面情绪，几乎所有人都不愿意承认自己的嫉妒，并把嫉妒之心深深地隐藏起来。嫉妒不仅会给无辜人带来危害，同时也会给当事人带来极大的精神痛苦。可以说，嫉妒是一种损人不利己的情绪。

日本的研究人员专门针对嫉妒情绪进行了一个十分有趣的实验。实验人员找来了 19 名被试，并让被试阅读事先准备好的一则故事。在这则故事中，被试被实验人员设计成故事的主人公。除此之外，实验人员还在故事中增添了其他 3 个人物，这 3 个人物被简称为 A、B、C。

在设计好的故事中，人物 A 与主人公的性别、人生经历和目标基本相同，但是人物 A 的学习成绩和家境比主人公要优越得多，而且人物 A 十分受异性的欢迎；人物 B 虽然也比主人公要优秀，但是和主人公的性别与人生目标不一样；人物 C 对主人公来说是一个完全不相干的人物，两者之间几乎没有任何交集，性别不同、人生道路和目标也不同。当然，最重要的是，人物 C 的学习成绩和家境都很普通，和主人公差不多。

等被试读完这则故事后，实验人员会告诉被试："接下来，你们的任务就是把自己对这 3 个人物的嫉妒程度按照从高到低的顺序做出一个排列。"

结果发现，这 19 名被试对人物 A、B、C 的嫉妒程度是逐渐递减的。也就是说，被试最嫉妒人物 A。这是因为人物 A 不仅学习成绩和家境都比主人公优越，而且两人的人生目标也基本一致，这样两者之间就形成了竞争的关系，也因此出现了嫉妒的情绪。

此外，实验人员还用功能磁共振成像仪测定被试的脑部血流的变化。测试的结果是，当人物 A 出现的时候，被试的大脑前扣带回皮层变得十分活跃。人物 B 和

C 的出现，都不如人物 A 出现时表现得活跃。这一测试结果说明，人的嫉妒之情与大脑中的前扣带回皮层有着十分密切的联系，而前扣带回皮层同时也是人类大脑中处理身体疼痛的位置。

这个实验说明，我们往往会对那些与我们之间存在着竞争关系且比自己优秀的人产生嫉妒。尤其是竞争关系的存在，如果没有竞争，那么很难形成嫉妒。

除此之外，实验人员还设计了一个关于幸灾乐祸的情绪的实验。这是因为实验人员认为，幸灾乐祸与嫉妒之间的关系十分密切。例如，当你嫉妒的人遭遇了不幸的时候，大多数人都会出现幸灾乐祸的心理。

在幸灾乐祸的实验中，实验人员依然选择了“嫉妒实验”中那 19 名被试。实验的过程基本一致。唯一不同的是，被试所读到的故事内容出现了一些变化。

在这则被设计好的故事中，主人公会看到人物 A、B、C 所发生的不幸。然后实验人员让被试根据自己对这三个人物的不幸产生的幸灾乐祸的情绪的程度按照从高到低的顺序做出一个排列。结果发现，被试的幸灾乐祸心理出现了递减的趋势。也就是说当人物 A 发生了不幸时，被试幸灾乐祸的情绪最为强烈。

此外，实验人员还用功能磁共振成像仪测定被测试者脑部血流的变化。测试的结果是，被试的脑部血流变化同样出现递减的趋势。也就是说，当人物 A 出现不幸的时候，被试的大脑纹状体就会变得十分活跃，而人物 B 和 C 的不幸引起的大脑纹状体的变化都没有 A 活跃。

这说明，大脑的纹状体是幸灾乐祸心理的基地。而大脑纹状体是产生快乐情绪的位置，例如当人们得到物质报酬或是积极的社会评价时，纹状体都会表现得十分活跃。

在大多数人的印象中，嫉妒这个词语往往是有性别之分的，因为人们往往觉得女人更容易出现嫉妒的情绪。

女人之所以容易嫉妒是有一定的生理原因的，英国科学家已经通过研究证明了这一点。在研究中，英国科学家发现，女性的嫉妒与其生理周期有着直接的联系。通常情况下，女性在每个月的排卵期内，最容易出现嫉妒的情绪，且这种情绪会随着女性排卵期的结束而逐渐减退。

实际上，嫉妒心理不仅存在于人类社会，在动物世界中，同样存在最原始、最本能的嫉妒，只不过，动物的表现方式更加直接、粗鲁而已。动物学家珍妮·古德尔就曾经描述过一只嫉妒中的雌性黑猩猩。当它的伴侣忽视了它，并且开始追逐另外一只雌猩猩时，这位“吃醋的女孩”就会挑逗另外一只雄猩猩，以此来侮辱它的伴侣。

羽毛鲜艳美丽的蓝知更鸟同样是醋坛子。一位生物学家曾经做过实验，他的实验对象是一对正在孕育后代的蓝知更鸟夫妇。当雄鸟离开的时候，研究人员将一只雄鸟玩具放入它们筑巢的树枝上方，当雄鸟返回时，看到此情此景，它就会盘旋着大叫，并且愤怒地扯掉雌鸟的羽毛。按照人类的行为反应，雄鸟的表现类似于将妻子和情夫捉奸在床的丈夫。

在人类社会的早期，男人和女人通过群婚的方式来结合时，并不存在嫉妒的心理。在群婚的时代，一个男人可以属于一群女人，同时他也不属于任何一个女人，对于女人来说也是如此。因此，没有人去嫉妒其他的同性，况且在生产力严重低下的时候，嫉妒应该算是生活中的奢侈品吧。

当人类进入一夫一妻制的时代，爱情中的嫉妒心理才真的产生。在法律和伦理的约束下，爱情不仅仅是异性间的吸引，也披上了社会道德的外衣。于是，晴空万里的爱情蓝图从此消失，取而代之的是不快乐的陪衬，是充满焦虑、担忧和戏剧性的游戏。正因为有了这层令人忧伤而诱人的魔力，爱情才让人痛苦，也让人着迷。

人们默认了嫉妒的存在，而且完全能够理解人在嫉妒情绪下的过激行为，可是，人到底为什么会产生嫉妒的情绪呢？尤其是恋爱中的男女，某些时候，嫉妒甚至成为检验爱情真挚与否的砝码，成为测验爱人是否缺乏安全感和满足感的试金石。

根据德国心理学家的发现，男女产生嫉妒的根源依然要从人类早期的进化开始讲起。德国的心理学家找到了两百多名志愿者，要求他们选择那些最无法忍受的暗示。在女性志愿者的选择中，她们最无法忍受的是伴侣的感情失真；男性志愿者则无法忍受伴侣结交新欢。根据进化心理学的解释，男人的外遇不会影响女性的生殖，和女人的关系不大；但是，男人如果没有照顾好自己的女人，就无法确定自己的基因是否顺利地得到了延续。世界上最令男人无法接受的事，就是自己对下一代投入了大量的精力，结果发现孩子是别人的。

爱情中的嫉妒

女朋友叫错了自己的名字；男朋友的眼睛在闺蜜的身上停留了太久；提起一位异性好友，他就显得兴奋不已。这种时候，恋人另一方的妒火一定瞬间被点燃。一旦理性被嫉妒控制，原本聪明伶俐的人，也会变成猜忌、责难和占有的综合体，像狂风骤雨一般袭击爱情。

虽然其他类型的嫉妒也时有发生，比如同事间的嫉妒、同行间的嫉妒等，总体来说，爱情中的嫉妒是出现次数最多，牵涉程度最深的情绪。在爱情中，嫉妒往往随着一段三角关系而来，一边是嫉妒者和有着亲密关系的伙伴，另一边则是竞争者。嫉妒心理，也是很多文学艺术作品不可缺少的元素。

嫉妒，这一只绿眼睛的怪物，无时无刻不盘踞在恋爱双方的心中。哪怕是爱得疯狂，爱得投入，甚至还没有真正开始恋爱的关系，嫉妒都会渗入到爱情中来，将原本甜美的爱恋搅和得酸溜溜的。在爱情里，男人女人都是容易嫉妒的动物，嫉妒的行为来自人类的动物本性，也来自社会关系对人的约束：女人想要得到男人的心，男人则无法忍受和别人分享爱情。

路西法效应

——模拟监狱实验

路西法是因为反叛神而堕落为魔鬼的天使。一个正常人会突然之间变成恶魔吗？心理学家用研究告诉我们，只要条件具备，这种转变很快就会发生，用不了一周的时间。

美国著名心理学家菲利普·津巴多写过一本书——《路西法效应——好人是如何变成恶魔的》。在这本书中津巴多提出了“路西法效应”，主要强调环境对人的善恶的影响。

津巴多的这本书是针对一个心理实验而做出的说明。作为美国斯坦福大学的心理学教授，津巴多为了研究社会环境对人的行为究竟会产生何种程度的影响，以及社会制度会采用何种方式控制个体的行为，主宰个体的人格、价值观念和信念，决定进行一次实验，并且招了一批自愿参加实验的人，每个人一天的报酬是 15 美元。津巴多一共招聘了 70 名来自美国各地的学生。但是这些学生并不能直接参加实验，需要事先经过一项测试。只有通过这项测试的学生才可以参加实验，因为这项测试可以证明他们是否心理健康、是否有疾病。也就是说，参加这次实验的学生不论是生理上还是心理上都要是一个正常人。

最后，津巴多选择了 24 名学生，并且随机地把这些学生分成了两组。其中一组的 9 名学生担任监狱中的“囚犯”角色，而另一组的 9 名学生担任“看守”的角色。此外，还有 6 名候补的学生。津巴多本人则扮演监狱长的角色。为了这项实验的顺利进行，津巴多还特意把斯坦福大学某栋教学楼的地下室改造成了监狱，那间地下室与真正的监狱十分相像，在这里既没有阳光的照射，也没有钟表来告诉囚犯具体的时间，只有无尽的幽暗与潮湿。

在实验正式开始之前，津巴多也曾对实验的结果进行预测。津巴多认为，在这项实验中应该不会发生什么骇人听闻的事情，虽然参加实验的学生所扮演的角色是对立的，但学生们毕竟是身心健康的正常人。津巴多甚至认为，未来的实验将是无聊的两个星期。

津巴多为了使这项实验更接近现实，专门让那些扮演囚犯的学生脱掉身上的衣服，然后往他们身上涂上除虱药粉，让他们穿上类似女人的连衣裙一样的囚服，而且每个囚犯必须头戴丝袜且不能穿底裤。最重要的是，所有囚犯都没有名字，用编号来代替之前的名字，而且囚犯的手上和脚上都被戴上了铁链子。

扮演看守角色的学生，会被要求穿上警服，戴上黑色且不反光的墨镜以增加其权威感，而且还带着警棍。此外，津巴多告诉看守："你们具有一切真实狱警所拥有的权力，例如按照正常程序对囚犯进行裸体搜身等。但是，你们不可以采用暴力的形式来维持监狱内的秩序。你们只要记住，你们需要贴近现实去扮演好看守的角色，你们的使命就是维护监狱的秩序与法律。"但是，津巴多却对扮演囚犯的学生说："由于你们所扮演的角色是囚犯，所以希望你们有一定的心理准备，在这里你们的部分人权有可能会被剥夺。"

在实验刚刚开始的时候，由于看守和囚犯正在进入自己的角色，所以双方之间的关系比较微妙，显得很不自然。后来，有囚犯开始变得烦躁起来，他们会撕掉自己囚服上的编号，并且在看守对其下达命令的时候，把自己锁在牢房中不予理会。有的囚犯甚至会嘲讽、谩骂看守。

这些扮演看守角色的学生，并没有接受过专业的训练，只在电视上或是书中看到过监狱看守应该怎么做。所以，在第一次面对囚犯们不遵守纪律的情况时，一下子变得手足无措。于是，看守就去向监狱长津巴多请教该怎么做。津巴多只告诉看守说："这是你们自己应该学会解决的问题，不要忘了，你们的使命就是维护监狱的秩序与法律。"

于是，看守开始采取一些手段来维护监狱的秩序，当囚犯不服从命令的时候，给予囚犯惩罚，例如脱光囚犯的衣服、把囚犯禁闭几个小时、没收囚犯的枕头和被褥、取消囚犯的伙食、强迫囚犯用手去清洗马桶、对囚犯进行一些体罚如俯卧撑、剥夺囚犯的睡眠、半夜把熟睡中的囚犯突然叫醒进行清点人数等。

当然，看守们除了惩罚那些不遵守纪律的囚犯之外，还会奖励一些服从管理的囚犯。那些表现良好的囚犯不仅不会受到惩罚，还会得到更好的居住条件或是伙食。

这些身心正常的看守很快就进入了自己的角色，随着时间的推移甚至变得越来越没有“人性”。有时候，看守的惩罚措施会严重到要津巴多提醒的地步。

在津巴多的预期中，这项实验是要进行两个星期的，但是在实验进行到 36 个小时的时候，一名扮演囚犯的学生突然提出了退出实验的要求，因为他已经被折磨到了崩溃的边缘。

不可思议的是，津巴多并没有批准这名囚犯的要求。事实上，津巴多完全可以让这名囚犯退出，毕竟在实验开始之前，他还准备了六名候补人员。津巴多的考虑是，如果他准许这名囚犯退出实验，那么会引发更多囚犯的退出欲望，这样一来津巴多的实验就无法继续下去了。

按理说，津巴多最应该关注的是这名囚犯的精神状态。但是，津巴多像许多监狱电影中的监狱长一样对这名想退出的囚犯说：“我希望你能回到监狱中做我们的眼线，向我提供更多监狱中的信息。如果你同意的话，我可以保证监狱的看守不会再折磨你，还会给予你很好的待遇。”

这个率先提出退出实验的囚犯的编号为 8612。他之所以第一个崩溃，是因为在第一天的时候，8612 率领囚犯违反监狱秩序并挑战看守的权威。因此，在看守们接下来的惩罚中，他受到了看守们的“特别照顾”。实验结束后，8612 囚犯回忆对这次实验的感受时说道：“我觉得这不是一场模拟的实验、一个模拟的监狱，而是一个由心理学家建立的真实监狱。”但是津巴多的回忆却是：“8612 的心理未免太脆弱了，毕竟实验才进行了大约一天的时间，怎么会那么快想要退出实验呢？毕竟我的实验时间是两个星期啊。”

当 8612 重新回到监狱的时候，其他囚犯开始意识到，他们或许不可能退出这个实验了，他们的希望也因此而破灭。但是 8612 囚犯依然没有适应监狱的生活，后来，8612 再一次提出了退出的要求。

那个晚上，监狱的总负责人，也就是监狱长，并不是津巴多，因为津巴多休息了，而是津巴多的研究生在值夜班。他只是一个二年级的研究生，虽然他已经注意到 8612 的精神状态十分糟糕，但是他依然不知道是应该允许 8612 离开还是拒绝 8612 的要求。这名研究生是这样回忆的：“当 8612 向我提出离开的要求时，正值午夜时分，我不可能去向我的导师报告这一情况，这样会打扰到他的休息。如果我不同意 8612 的要求，或许 8612 会精神崩溃。但是如果我同意 8612 的要求，会给这次的实验带来无法估量的严重后果。毕竟这个实验花费了大量的心血和资金。”

研究生经过一番挣扎后，同意让 8612 离开。第二天早上，津巴多来上班了。很快，津巴多知道了 8612 离开的消息，于是他把值夜班的学生叫来，并质问道：“为什么让 8612 离开，你难道不知道这会对实验造成不良的影响？”研究生说出了自己的看法。后来，津巴多也想了想，觉得学生的做法是正确的。于是，津巴多在候选名单中，挑选出了一名学生，让这名学生在当天的下午加入到实验中，填补 8612 的空缺。

随着时间的推移，扮演看守的学生越来越深入到自己所扮演的角色中，继续他们惩罚囚犯的游戏，想方设法地惩罚甚至折磨囚犯。在折磨过程中，囚犯与看守之间的敌对情绪越来越严重。但是囚犯们的表现却恰恰相反。在刚刚来到监狱的时候，囚犯们会进行反抗。但是在看守们长时间的折磨下，囚犯们变得越来越顺从，顺从得犹如行尸走肉。但是监狱依然没有风平浪静，那个填补 8612 囚犯空缺的新囚犯，由于刚刚进入监狱没多久，所以反叛意识还很强烈，总是和看守们叫板。为了惩罚反叛者，看守们想出了新的手段，那就是不让囚犯上厕所，这样一来，囚犯的住所就变得臭气熏天，比猪圈的情况还要糟糕。

在糟糕的监狱环境中，有些囚犯开始条件发射式地接受看守们的各种要求。而有的囚犯则疯狂地模仿 8612 的行为，希望可以退出实验。在实验进行到第三、第四和第五天的时候，有两名囚犯被同意退出实验。有一名囚犯，由于监狱长不同意他退出实验，甚至出现了全身出皮疹的症状。于是他被津巴多送进医院接受治疗，也算是间接退出了实验。

当实验进行到第六天的时候，监狱中的所有人渐渐适应并习惯了自己所面临的现状。一切都按照津巴多的预期进行着。那名候补囚犯 416，起初他会用绝食来进行反抗，但是经历了暗室幽禁、狱友在看守的鼓励下欺辱他的情况后，他变得越来越孤立与痛苦。所有人都觉得这里的一切很正常。就连 416 也从最初的“这是个精神病院”的观点转变成“这本来就应该是精神病院”。

在实验过程中，津巴多甚至还邀请了许多人来接触这些囚犯。其中，一名真正的典狱长接触了所有的囚犯后，告诉津巴多：“这批学生所做出的反应与首次坐牢的囚犯十分相似。”此外，还有二十多名心理学系的学生通过视频观看实验。津巴多甚至还邀请了囚犯的父母或朋友来探监。值得一提的是，其中一位母亲在了解到孩子的现状后，甚至还找了一名律师，希望通过法律的途径帮助孩子脱离“斯坦福监狱”。后来，这名律师来到了“斯坦福监狱”，并试图和所有囚犯进行沟通。

让人感到不解的是，这些外来探监者，在了解到囚犯的糟糕现状后，并没有提出终止实验的要求，好像在他们的眼中，这些都是理所当然的。而那些扮演看守的学生，乃至已经习惯了的囚犯也没有想过终止实验。因为他们已经被自己所扮演的角色打上了深深的烙印，他们只能服从地扮演着各自的角色。这场实验是反人性的，甚至可以说这是一场以理性和科学为借口进行的残酷实验。

在实验进行到第六天的时候，津巴多邀请了斯坦福大学心理学专业的一名博士来参观他的实验，她是津巴多的女友。女友对这所监狱的第一印象还不错，因为那个接待她的看守表现得十分友好和有礼貌。

可是到了晚上的时候，津巴多的女友却在这座模拟的监狱中看到了让自己震惊的一幕。看守们戴着黑色的眼镜，拿着警棍，穿着制服，显得十分威严。在惩罚囚犯的时候，不仅十分粗暴，甚至有些残忍。例如在囚犯去洗浴的时候，看守会把囚犯用脚镣锁成一列，而且每个囚犯会被强迫戴上头套，视线处于一片黑暗之中。然后，看守们再把囚犯们带进洗浴房。

津巴多的女友看到这些的时候，觉得十分残忍，甚至有一种令她作呕的感觉。但是津巴多却在她耳旁兴奋地喊道：“你快来看看，接下来将会发生你从来没有看到过的精彩一幕。啊！你看到没有？这场景实在精彩绝伦。”

在离开实验现场后，津巴多像往常一样问这个外来观察者对整个实验的感觉。津巴多的女友愤怒且恐惧地说道：“如此残酷的场景让我感觉到一种女性置身男权世界的无力感！你难道不觉得自己对那些男孩子做的事情太过分了吗？你在利用实验剥夺他们身为人的权利。”

面对女友的指责，津巴多很吃惊。不过津巴多很快反应过来，并且开始为自己辩解。最终，辩解变成了两人的争吵。这是津巴多与女友之间最激烈的争吵，也是最大的对立和分歧。津巴多觉得女友不理解自己，而津巴多的女友却觉得自己以后实在无法和津巴多这样一个冷酷的人继续相处下去。

最终，这场激烈的争吵在津巴多的屈服下结束了。他很快结束了这场实验，并且开始反省：“一场模拟的实验是如何逐渐变成了一座真正的监狱，甚至变成了一个疯狂折磨人的地方？”在实验中断之后，津巴多如释重负。而津巴多与女友之间的关系也得到了缓解，最终还成为了夫妻。

不过这次参观却给津巴多的女友留下了十分深刻的印象与思考。她觉得，对于这次实验，她是作为一个旁观者的角色出现，所以她会挑战这种不合理的现象。但是如果她从一开始就参加了实验，她还会产生这么大的情感触动吗？津巴多的女友觉得，如果自己一开始就参加了这场实验的设计，那么她会和津巴多一样，对这次实验所发生的一切渐渐地适应，并进入角色，会觉得这一切都是正常的。就像莫罗所说的：“我们每个人都是自身经历的囚徒。”所谓当局者迷，只有身为旁观者，你才能清醒，才能理性地思考。

但是这次实验，对于那些扮演囚犯的学生来说，并不是一次舒服的打工经验，而是一个无法释怀的噩梦。就像津巴多所说的：“在实验刚开始的时候，看守与囚犯之间没有任何差异。但是当实验进行到一周左右的时候，不论是囚犯还是看守都渐渐进入到各自所扮演的角色中，他们的差异变得越来越大。”此外，扮演囚犯与看守的学生之间存在一种无法化解的对立乃至仇恨情绪。在实验结束后，津巴多让“看守”和“囚犯”坐在一起，讨论对这次实验的感受，津巴多发现双方之间的讨论最终变成了凶恶的对质与声讨。“囚犯”们在接受津巴多的访谈与问卷调查时，虽然比面对“看守”的态度好很多，但是他们依然很怀疑津巴多，并且不配合津巴多的工作。因为在“囚犯”们看来，这个友好的实验人员就是那座“监狱”的制造者，根本不可信。

这次实验的总负责人津巴多对这种现象的解释是，人们很容易受到环境的影响而作恶。就像一位德国人所说的：“我们在学习二战历史的时候，老师往往会给我们观看希特勒的演讲。但只是一些片段，而且是最疯狂的片段。所以我们在观看过后，都无法理解当时的德国人为什么会去支持希特勒那样一个怪物。直到我观看了希特勒的演讲全程后，才真正明白了希特勒的可怕之处。”

在环境的影响下，人们内心的魔鬼会被释放出来，它让那些曾经身心健康、正常的人沉溺于惩罚甚至折磨他人的感觉中；让那些被惩罚的人变得服从，并在内心把仇恨渐渐积累起来，最终不在服从中死亡，就在服从中爆发。

虽然津巴多的这次实验结果十分重要，并为社会心理学做出了巨大的贡献，但是依然颇受人们诟病，因为在这次实验中津巴多没有考虑被试的利益。

菲利普·津巴多是斯坦福大学的心理学教授，担任过美国心理学会会长。在斯坦福监狱实验结束之后，津巴多为了探索心理学造福社会的途径，在加利福尼亚州的门洛帕克开办了害羞诊所，专门治疗成人和儿童的害羞问题。

2004年，津巴多出席军事法庭的审判，为一名阿布格莱布监狱的看守伊万·弗里德里克中士作证。根据津巴多的分析，监狱的环境会给当事人造成无法抗拒的压力，特别是在当事人得不到专业的训练和有效的监督的情况下，这种压力尤其明显。所以，对被告应该从轻处罚。津巴多把这次经历写成了一本书，也就是前面提到的《路西法效应——好人是如何变成恶魔的》，探讨阿布格莱布监狱与他早年进行斯坦福监狱实验的关系。

斯坦福监狱实验影响深远，2001年上映的德国影片《死亡实验》改编自马利奥·乔丹努的小说《黑盒子》，而故事的原型就是斯坦福监狱实验。2010年上映的美国影片《叛狱风云》则是翻拍自《死亡实验》。在《叛狱风云》中，失业的主角在报纸上偶然发现了一则招聘启事，报酬丰厚，两周就可以获得 14000 美元。主角前去应聘，原来这是一次科学实验，实验的地点是州立监狱，参与实验的人要分别扮演囚犯和看守。大家本以为这是一场好玩的角色扮演游戏，可是，随着实验的展开，一切都超出了预料。

创造和谐的环境

我们都是环境的产物。不同的环境和经历造就了与众不同的你我他。斯坦福监狱实验让我们看到环境的塑造力是多么强大，在特定环境的影响下，一个再正常不过的人摇身一变，就成了冷酷无情的魔鬼。如果说它是一部以极端的形式呈现的反面教材，那么，生活中的我们何尝没有类似的经历。在拥挤的地铁上，我们火气上升，一点小摩擦就会破口大骂，甚至大打出手；在竞争激烈、压力山大的环境下，每个人都变得好斗，对身边的人充满了敌意……

环境塑造了我们，我们也在改变环境。如果你想提高生活的幸福指数，拥有融洽的人际关系，不妨有意识地为自己创造一个温馨、和谐的小环境，而改变环境的第一步就是从自身做起。我们就像生活在一座镜子宫里，当你露出一个充满善意的微笑时，在周围镜子的环绕里，无数个同样的微笑正在回馈给你。

做不完，忘不了

——完成欲实验

考试之前，人们往往对需要掌握的内容非常熟悉，记得非常牢。考试之后，之前记住的东西很快就被忘记了。这是为什么呢？因为任务已经完成。

人天生有一种做事有始有终的驱力。已经完成的工作会被人们迅速忘记，那是因为完成事情的动机已经得到满足；如果工作尚未完成，这一动机就会给人留下深刻印象。这一现象被苏联的心理学家蔡格尼克用实验证实，后人则将这种现象称为蔡格尼克记忆效应。

蔡格尼克是苏联的心理学家和精神病专家，在犹太家庭长大。1927 年，她被柏林大学录取，在社会心理学之父库尔特·勒温的指导下学习。在撰写论文期间，蔡格尼克在维也纳的一个餐厅吃饭，偶然的观察让她发现了人类心理的一个奇特现象。她发现，餐厅的服务员在上菜的时候将客人的菜单记得非常清楚，等菜上齐了，服务员就什么都不记得了，好像大脑里有一个清除程序一样，立刻清除掉这位客人的菜单。

蔡格尼克于是设计了一个实验，他把被试分为甲乙两个小组，同时让两个小组做相同的数学题，这些数学题都比较简单。实验期间，蔡格尼克给甲组被试充足的时间完成数学题，而乙组在进行到一半的时候，被迫停止。

然后，蔡格尼克开始让两个小组的被试分别回忆演算的题目。结果发现，乙组所回忆起来的题目明显多于甲组。蔡格尼克认为，这种没有完成任务的感觉让乙组的被试感到很不舒服，所以对题目记忆深刻。而甲组的被试已经顺利完成了数学题，他们的完成欲得到了满足，所以便轻松地搁置下来。

后来，蔡格尼克为了继续验证这个实验结果和结论，又进行了一次类似的实验。

蔡格尼克让被试做了22件简单的工作，例如默写一首自己喜欢的诗歌；从55倒数到17；把一些颜色和形状不同的珠子按照一定的方式用线穿起来等。

这些简单工作所需要的时间基本相等，通常都是几分钟就可以完成的。在这22件简单的工作中，只有11件会顺利完成，而另外11件则会被打扰并且中断，最后无法完成。在允许完成和不允许完成的工作任务中，蔡格尼克是随机排列的。

实验完毕后，蔡格尼克让被试回忆他刚才那22件工作的具体任务。结果，蔡格尼克发现，被试对未完成工作的回忆率高达68%，而已完成的任务回忆率只有43%。

蔡格尼克认为，人天生就具有一种办事情有始有终的驱力，人们之所以会忘记已经完成的工作，是因为完成欲已经得到了满足。相反，如果工作尚未完成，那么这个人的完成欲就得不到满足，使得记忆更加深刻。

蔡格尼克记忆效应中提及的完成欲望，是驱使我们完成任务的动力所在，如果没有这股动力，那么我们很容易成为有始无终的人。但是，蔡格尼克记忆效应容易出现两个极端。

其中一个极端是动力太强，这种人在面对需要完成的任务时，会强迫自己，非要一气呵成地完成任务，否则绝不罢手，这样这个人会忽视许多有趣的人和事。而且有些事情本来就是无法完成的，如果一味地执著下去，只会很痛苦并被其所累。

另一个极端是动力太弱。这种人在面对需要完成的任务时，容易拖沓，永远都无法真正完成一项任务，而且注意力很快就被转移了。

蔡格尼克记忆效应在生活中非常常见，比如风靡世界的电子游戏俄罗斯方块。1984年2月，俄罗斯方块诞生，此后风靡全球，无数爱好者为之痴迷。俄罗斯方块为什么有这么大的吸引力，这么招人喜欢？俄罗斯方块的创始人阿列克谢·帕基特诺夫解释说，电子游戏有一种独特的节奏感，而俄罗斯方块的运行机制就像是一首单曲循环的歌曲，它的节奏吸引玩家一遍一遍地玩下去。

其背后的秘密就是蔡格尼克记忆效应。俄罗斯方块的玩法是将一行方块填满，然后消除，填满，消除，填满，消除，因此永远存在未被填满的方块。人总是惦记着未完成的工作，对已完成的工作瞬间遗忘，俄罗斯方块恰好符合人类的这种心理。

有一个著名的作家曾经写过一个无厘头的简短故事：一名男子在读大学的时候很贫困，有一次他很饿，于是就想去面包店偷一块面包来充饥，这个想法在他的头脑中酝酿了很久。最终，男子好不容易下定决心要去偷面包，可他忽然想到，如果自己被抓住了就会被退学，为了一块面包放弃自己的大好前程，实在太不值了。于是，男子就继续忍受饥饿，打消了偷面包的念头。

后来，这名男子在自己的努力下，终于毕业并找到了一份不错的工作，摆脱了贫困生活带给他的困扰。这时，男子已经是一个成功人士，不会再忍受饥饿。但是男子不知道怎么的，半夜总会感觉很饥饿，即使吃东西也无法消除这种饥饿感。

有一天晚上，男子做了一个梦，在梦中他看见了曾经的面包店，而且自己居然进去偷面包。男子醒来后感觉很奇怪，毕竟现在的自己已经不是当年的穷小子了，根本不会饿肚子，更别说去偷面包了。

经过一段时间的思考，男子发现了问题根源所在。他之所以会有这样的梦境以及那每夜袭来的饥饿感，都是因为一个未完成的计划——偷面包。

男子在生活相当贫困的时候，曾经在头脑中做出了十分详细的偷面包计划，但是这个计划并没有实施，因此成了他的心病，因为男子没有从中感受到完成欲，所以他对偷面包这件事情记得特别清楚，而且总是放不下。于是，这个男子决定还是去偷一块面包吧，不然自己会惦记一辈子。很明显，这名男子属于蔡格尼克记忆效应中动机过强的极端例子，决定要做的事情如果不完成，永远都得不到解脱。

蔡格尼克记忆效应的妙用

现实生活中，蔡格尼克记忆效应在不同的领域得到了巧妙的运用。电视剧在每一集的结尾常常留下悬念，吊足了观众的胃口，让大家一集一集地追着看。金庸写武侠小说期间，许多香港市民每天必买《明报》，他的小说直接推高了报纸的销量。狄更斯写《雾都孤儿》也是在报纸上连载的，伦敦读者可以在当天得知故事发展，纽约的读者就只能苦苦等候，恨不得马上坐船去英国，看一看接下来发生了什么故事。

每个人都有类似的经历，也就是说，每个人都被蔡格尼克记忆效应控制着。我们之所以如此清晰地记着一件未完成的事，是因为大脑没有获得最终的答案，于是，大脑皮层会将这一片段存储起来，以待将来继续完成。了解了这种心理机制，在生活中巧妙地加以运用，一定可以收到奇效。

可怜的狗

——习得性无助研究

“我就是学不好英语！”“我最怕在公开场合讲话了！”“跟人打交道我不行！”这些自我否定的背后潜藏着重复受挫之后形成的习得性无助心理。心理学家用一个残酷的实验对这种心理进行了经典的诠释。

行为主义心理学家华生为了弄清楚情绪的起源，曾经拿一个婴儿做实验，证明了情绪是可以通过条件反射获得的。这个实验对马丁·塞里格曼产生了深远的影响，同时，塞里格曼也考虑到华生实验中的不足，他认为华生还应该进行一次实验，即把小婴儿放进一个可以控制的环境中，例如设置一个按钮，当小婴儿按到这个按钮后，小白鼠就会消失，然后观察已经习得恐惧情绪的小婴儿会出现什么反应。

于是，塞里格曼开始设计并进行相应的实验。在实验早期，塞里格曼为了让狗通过条件反射习得恐惧的情绪，把狗关在一个特制的笼子中，只要蜂音器一作响，就给笼子里的狗实施难以忍受的电击。被电击的狗十分痛苦，企图逃脱这个给它带来痛苦的笼子，但是它很快就发现笼子根本逃脱不了，所以狗只能在笼子里面狂奔和惊恐地哀叫，甚至会吓得屁滚尿流。

经过多次的实验后，狗已经通过条件反射习得了恐惧的情绪，只要蜂音器一作响，即使没有实施电击，狗也会趴在地上惊恐地哀叫，但是却不再狂奔，因为许多次的经验让狗知道，除了默默承受以外别无办法。

后来，塞里格曼给狗打开了笼子的门，然后让蜂音器作响，但是却出现了一幕让塞里格曼十分吃惊的情景，狗不等电击出现，就开始倒地呻吟和颤抖，就好像被电击了一样，狗是拥有主动逃避这种被电击的痛苦感觉的机会的，但是它并没有这样做。塞里格曼把这种现象定义为“习得性无助”，具体是指因为重复失败或惩罚而造成的听天由命的行为。

除了打开笼子的实验方式外，塞里格曼还设计了一种新的方式。塞里格曼把狗放进了一个特制的箱子里，这个箱子被称为“往返箱”。所谓往返箱，就是将一个大箱子用隔板分成两个部分。当狗在往返箱的一边时，会受到电击。但是，如果狗能够选择主动的方式，即跳过隔板到达往返箱的另一边，就可以躲避电击。

对于一只没有接受过之前电击实验的狗而言，它会很快选择跳过隔板以躲避被电击。后来，塞里格曼在每次实施电击之前都会使蜂音器作响。重复几次实验后，狗只要一听到蜂音器的声响就会立刻跳过隔板，不管到底有没有电击。

但是，当塞里格曼将之前接受过电击实验的狗放进往返箱中时，那只狗似乎已经习惯被电击了，总是老老实实地呆在有电击的一边，被动等待电击的消失。

对于这种现象，塞里格曼解释道，正是因为以往的经验在发挥作用，让狗在一个新的环境中（从笼子中转移到往返箱）无法学习新的技能。也就是说，狗从之前的经验中得知，无论怎样努力都无法躲过电击，从而在新的环境中也放弃了这种尝试，这完全是习得性无助在作怪。

为了进一步验证习得性无助的理论，塞里格曼与梅耶决定使用可控电击和不可控电击的实验方式来观察对狗学习避免电击技能的影响。在这次实验中，塞里格曼选择了 24 条杂交犬，且这些狗的身高与体重都比较相仿。这 24 条狗被随机平均分成三组，其中第一组的名字是“可控制电击组”，第二组的名字为“不可控制电击组”，第三组的名字为“无束缚控制组”。实验分为两个阶段。

在第一阶段内，可控制电击组的狗和不可控制电击组的狗各自被安排在一个特制的道具里，这个道具被称为“挽具”。在挽具之中，每条狗都会被单独套上狗套，这个狗套的作用是为了限制狗的活动，但并不是完全限制。在狗的头部的两边各有一个镶板，以保证狗的头部可以朝着正前方。此外，这个镶板同时还起到一个按钮的作用，狗可以通过移动头部来按压镶板。

不同的是，当可控制电击组的狗接受电击的时候，它们可以通过按压镶板来结束电击。而对于不可控制电击组的狗而言，就没有这种主动选择的权利了，无论狗如何用头部按压镶板，都不可能结束电击。

虽然不可控制电击组的狗没有主动选择的权利，但是可以通过可控制电击组的狗按压镶板来结束电击。因为在这个实验中，不可控制电击组的狗与可控制电击组的狗是相互一一对应的，也就是说这是一个相互匹配的实验过程。

在塞里格曼给两组狗实施相同的电击时，可控制电击组的狗会通过按压镶板，从而避免被电击，而不可控制电击组的狗则只能静静等待可控制电击组的狗来结束电击，这实际上是一个被动等待电击结束的过程。无束缚控制组的狗就比较幸运了，在整个实验过程中不接受电击。

这两组的狗每隔 90 秒就接受一次电击，一共需要接受 64 次电击。实验结果显示，在 64 次电击中，可控制电击组的狗学会了通过越来越快速地按压镶板结束电击；但是，不可控制电击的狗则在经历过 30 次试图按压镶板阻止电击的行为后，不再出现按压镶板的动作，而是静静地等待。

在实验结束的 24 小时后，所有的 24 条狗都被放入往返箱内接受测试。在往返箱的箱面上装着两盏信号灯，当其中一盏信号灯熄灭后，电击将会在 10 秒钟后到达箱底，往返箱中的狗就会感觉到被电击。如果往返箱内的狗在一盏信号灯熄灭后的 10 秒钟内就跳到隔板的另一边，那么就可以主动避免被电击的厄运。如果不能，那么就只能等待 60 秒钟后电击自动消失。所有的狗都需要在往返箱内接受 10 次测验。

在往返箱的测试中，可控制电击组的狗和无束缚控制组的狗都能学会通过跳跃隔板来避免被电击。但是，不可控制电击组中的绝大多数狗在 10 次测试中就有 9 次或 10 次的失败记录。过了 7 天之后，不可控制电击组的狗再次被送到往返箱内接受测试，结果依然有 5 条狗失败。

塞里格曼的习得性无助研究在心理学界产生了巨大的影响，随后有不少人用动物做有关习得性无助的实验，实验结果均证明了塞里格曼的结论。

例如 20 世纪 50 年代，哈佛大学的教授所罗门、坎明和维恩等人在做习得性无助实验的时候，就把 40 条狗放入到往返箱内，中间的阻隔物只有狗背高，在实施电击的时候，所罗门等人会从往返箱的底部对狗发出电击。其中，第一组的狗在跳过隔板后就不会被电击，但是第二组的狗就没这么幸运了。

在实验中，每当第一组的狗跳过隔板后都会由紧张变得松弛下来；但是，第二组的狗在尝试跳跃隔板后会发出一声哀嚎。在第二组狗的往返箱内，中间不是隔板，而是透明的有机玻璃，这块玻璃是狗如何努力也无法跳过的。在实验初期，当狗试图到往返箱的另一边避免被电击时，却发现自己根本就过不去，于是狗就会出现颤抖、惨叫甚至大小便失禁的现象。

到了 20 世纪 80 年代，依然有心理学家在做习得性无助的实验，例如美国费城天普大学的菲利普・柏希就用老鼠做实验。在实验早期，柏希会训练老鼠识别警示灯，让老鼠知道只要警示灯亮起 5 秒钟后就会被电击，只要能在这 5 秒钟内跑到安全区，就不会被电击。当老鼠学会这一技能后，柏希就会把安全区挡住，再对老鼠实施电击。起初老鼠会试图跑进安全区躲避电击，但是却发现安全区根本无法到达。经过多次的重复实验后，即使柏希开放了安全区，老鼠依然不会跑到安全区内。

但是，习得性无助并不适合于所有动物，例如鱼类就不会出现习得性无助。某大学的心理学家布朗等人就拿金鱼做过实验，并且花费了大量的精力为金鱼制作了一个特殊的穿梭箱。布朗等人对 45 条金鱼进行了 65 次电击实验。但是，实验结果显示，金鱼没有习得性无助。这可能与金鱼只有短暂的记忆有关。

既然多次实验表明在动物身上的确存在习得性无助的现象，那么习得性无助是否会出现在人类身上呢？关于这一点，塞里格曼也考虑过并且设计和进行了相应的实验，这一次实验的对象是人，在 1975 年进行，实验主要分成两个部分。

这次实验在某所大学内进行，被试就是大学生，参加实验的被试被平均分成三个小组，其中第一组的被试被安排听一种噪音，但是不论这组被试做出何种努力，都无法使噪音停止。第二组被试也被安排听噪音，但是他们可以通过自己的努力结束噪音。第三组被试不收听噪音。这是实验的第一阶段。

在这些实验都完成后，会进入到实验的第二阶段。这个时候，所有被试都将接受一次测验。这个测验的装置是一口特制的箱子，被称为“手指穿梭箱”。当被试将手指放到手指穿梭箱的一侧时，就会听到一种让人难以忍受的噪音，但是如果被试能主动把手指放到手指穿梭箱的另一侧，那么这种噪音就会消失。

实验结果表明，第二组和第三组的被试在接受这项测试的时候，会学着寻找使噪音消失的方法，当他们发现只要把手指放到另一侧噪音就会消失时，他们就解脱了。

但是第一组被试由于在实验的第一阶段中，有无论如何努力都无法使噪音结束的经历，所以当他们把手指放到手指穿梭箱的一侧后听到了刺耳的噪音，他们会选择让手指停留在原处，而不会主动把手指移动到箱子的另一侧。

此外，塞里格曼还认为习得性无助会给学生的学习带来消极的影响，为了证明这一猜想，塞里格曼又进行了另外一项实验。这项实验紧接着手指穿梭箱的实验进行，参加实验的被试依然和以前一样是同一批人。这一次，所有被试需要进行将字母排列成单词的游戏，想要成功完成这个游戏，就必须掌握一定的排列规律。

实验结果表明，第一组被试由于在之前的实验中产生了习得性无助的感觉，所以在完成字母排列游戏的时候，成功率远远不如第二组和第三组的被试。

这种现象同样出现在婴儿当中，1977 年，芬克斯坦开始研究婴儿的习得性无助现象。在研究中，芬克斯坦会在两组婴儿的小床上方悬挂能够旋转的风动饰物。其中，第一组婴儿各自拥有一个压力敏感型的小枕头，只要婴儿移动自己的头部，就可以控制风动饰物的旋转。第二组婴儿的小枕头是普通的，而婴儿床上方所悬挂的风动饰物是否旋转，则是随机的，与婴儿的控制无关。实验一共需要进行两周，每天两组的婴儿都需要面对风动饰物 10 分钟的时间。

实验结果显示，第一组的婴儿在几天之后就能学会运用枕头来控制上方风动饰物的旋转。在实验结束后，芬克斯坦把第二组婴儿的枕头换成了压力敏感型的小枕头，但是第二组的婴儿依然没有学会转动头部来控制上方风动饰物的旋转。从这一点看，第二组的婴儿在掌握风动饰物的旋转上已经习得了无助感。

马丁・塞里格曼（Martin Seligman），美国著名的行为心理学家，著名学者和临床咨询与治疗专家，积极心理学的创始者之一，主要从事有关习得性无助、抑郁、乐观主义和悲观主义等方面的研究。塞里格曼曾经获得美国应用与预防心理学会的荣誉奖章。塞里格曼还在精神病理学方面进行了研究并且取得了重大成就，后来被某学会授予终身成就奖。1998 年，他当选为美国心理学会主席。

塞里格曼于 1942 年出生于美国纽约州奥尔巴尼，在家乡读书时，他十分喜爱篮球运动，并且一度想成为篮球队的一员，但是却没能入选，之后他努力学习，并且开始接触心理学类的书籍。1964 年，塞里格曼从普林斯顿大学毕业，之后进入宾夕法尼亚大学学习实验心理学，逐渐成长为一位杰出的心理学家。

战胜习得性无助

塞里格曼所提出的习得性无助现象在现实生活中十分普遍，但并不是不可避免的。当一个人经历了多次失败后，自信心会受到重创，这个时候很容易出现习得性无助的现象。想要避免习得性无助，就必须学会自我鼓励，只要有信心，就可以击败习得性无助，要告诉自己失败只是暂时的，而不是永久的。我们可以从相对简单、容易完成的任务做起，在一次次小成功中建立信心，并在每次完成任务之后给自己适当的奖励，这样就可以逐步树立自信心，最终战胜习得性无助。

自己做主才幸福

——控制力研究

控制力对于一个人的心理和行为十分重要，如果一个人丧失了控制力又无法重新获得时，那么他就会变得焦虑、愤怒和沮丧。通常情况下，老年人是一个丧失控制力的群体。艾伦·兰格和朱迪斯·罗丁一直在研究控制力的问题，并且在养老院做了一项实验。

兰格和罗丁选择了一个名叫阿登屋的养老院，这家养老院不仅能够提供高质量的医疗服务、娱乐设施和居住条件，而且规模大又具有现代化设施。在阿登屋养老的老人不仅身心健康状况相似，而且还有相似的社会经济背景。兰格和罗丁随意挑选了两层楼的老人分别进行两种不同的实验。其中，居住在四楼的老人中有 8 名男性，39 名女性，他们需要接受一个责任提升训练。而居住在二楼的老人中有 9 名男性，35 名女性，他们需要保持和往常一样的生活习惯，作为对照组存在。

在实验开始后，兰格和罗丁会分别对两种不同实验条件下的老人做出不同的安排。他们会对接受责任提升训练组的老人说："你们有照顾自己的责任，当然同时也可以决定自己的事情。你们可以决定自己房间的布置，如果你们希望像现在这样，那就保持下去；如果不喜欢，随时可以让工作人员帮助你们重新布置。此外，我们还会送给你们每个人一件礼物，这是一个装着许多小植物的盒子。现在，你们需要做出两个决定：第一个决定是你们是否接受这样的礼物；第二个决定是当你们决定接受这份礼物的时候，需要选择一种自己喜欢的植物，这样这个植物就是你们的了，你们有义务照顾好它。最后还有一件事情要通知你们，在周四和周五的晚上我们会播放一场电影，如果你们想看电影的话，可以在这两天中选择一天。"

兰格和罗丁会对对照组的老人说："我们希望你们能在更舒适的房间里生活，事实上我们也做出了这样的安排。我们希望你们能在这里感受到幸福，因为我们的责任就是为你们创造一个家，并且会尽全力从各个方面为你们提供帮助。此外，我们还想利用这个机会送给你们每个人一份小礼物，这是一个装着小植物的盒子，接下来由工作人员发给你们。这些植物从此以后就是你们的了，工作人员会每天帮助你们照顾植物的，你们完全不用操心。最后还有一件事情需要通知你们，就是下周四或周五我们会播放一场电影，之后我们会通知你们在哪一天去观看电影。”

表面看起来，兰格和罗丁对所有老人传达了同样的信息，但是却存在着重大的差别。实验组的老人在接下来的生活中有许多选择的机会，可以自己决定自己的生活方式。但是对照组的老人则没有这种选择的权利，因为他们生活的方方面面都被养老院安排好了。

然后，兰格和罗丁使用调查问卷的方式来了解实验期间老人们的精神状态，当然除了老人之外，养老院的工作人员也需要参与问卷调查，而且这些工作人员对此项实验都一无所知，以防止工作人员在做出评定时出现偏见。统计显示，实验组的老人比对照组的老人明显感觉到了更多的快乐，也更富有活力，这都是选择机会和个人控制力所产生的积极作用。其中，实验组中93%被试的情况都朝着积极的方向发展，而对照组只有21%被试的情况在朝着积极的方向发展。

除了心理健康之外，兰格和罗丁还从医生那里得到了所有老人的健康评定值，结果发现实验组老人的整体健康水平在上升，而对照组老人的健康水平有轻微下降的趋势。

后来，兰格和罗丁还组织了一次比赛游戏，把主动权交给所有的老人。结果实验组的老人中有10位老人主动参与了这项比赛游戏，而对照组却只有1位老人主动参与比赛游戏。而且在比赛的过程中，实验组的老人显得更为积极，那名对照组的老人则表现得有些消极。

兰格和罗丁在实验结束后提出了一个批评性的意见，在实验中，实验组的老人获得了控制力，但是实验结束后这种控制力被剥夺了，势必会给实验组的老人带来不良的影响。兰格和罗丁的考虑十分重要。其实，在更早的一项有关老年人的研究中，研究者让老人在采访期间拥有不同程度的自主权，那些拥有高程度自主权的老人渐渐表现得积极起来。但是在研究结束之后，这些老年人由于不再拥有自主权了，衰老的速度反而比那些从未拥有控制力的老年人更快。

不过，兰格和罗丁的实验并没有出现这种严重的后果。因为在实验中，实验组的老年人的控制力与日常生活中的一些事情有关，即使实验结束了，老年人依然可以主动控制自己的日常生活。

把控制力还给老人

个人的控制力是一生中最重要的因素，我们可以通过控制力而变得积极起来。但是随着生理的衰老，这种控制力就会消失，这个时候个体已经步入老年期。在许多人的眼中，老年人是需要被照顾的，凡事都应该给他们安排好。事实上，这种做法并不利于老年人的身心健康，所以应该把控制力重新还给老年人。

恐惧是习得的

——小阿尔伯特实验

“我天生就怕蛇。”“我天生就怕蜈蚣。”这种恐惧真的是天生的吗？心理学家用实验告诉我们：恐惧是习得的。既然是习得的，我们就能通过努力战胜自身的恐惧。

20世纪20年代，心理学界开始了一场新的运动，是以巴甫洛夫和约翰·华生为代表的行为主义心理学运动。行为主义心理学的诞生打破了精神分析心理学的垄断地位，并且对其产生了很大的冲击。因为行为主义心理学与精神分析心理学的观点是完全相反的，行为主义心理学认为人的心理和行为都是通过外在环境和情景刺激而产生的。

例如，华生指出人之所以会出现各种各样的情绪反应，是我们对外在环境中某种特定刺激的反应。也就是说人的情绪是习得的。华生认为，人类所有的心理现象和行为都是学习和条件反射的产物。但是，精神分析心理学却认为情绪反应是基于内部的原因。

行为主义心理学刚刚诞生之际，受到了大多数心理学研究人员的质疑，但是也得到了许多人的认可与追捧，这是因为华生用许多实验证明了自己的理论，在事实面前，人们只能选择相信。

华生常常用小白鼠做实验，但是在研究情绪反应的时候，华生放弃了小白鼠，而是大胆地选择了人作为实验对象。这个被试是一名9个月大的孤儿，从出生起就一直待在医院里，名字叫做阿尔伯特。小阿尔伯特生理和心理健康状况良好，再加上他孤儿的身份，便成为华生心理实验的对象。

在实验之前，华生提出了理论假设，即认为人们之所以会出现某种特定的情绪反应，完全来源于一种刺激，特别是当这种刺激重复出现多次以后，人们就会自动把这种刺激与特定的情绪反应联系在一起。换言之，我们的情绪反应并不是天生的，而是后天形成的。至于纳入实验的某种特殊情绪体验，华生选择了恐惧的情绪反应，因为恐惧是一种比较强烈的情绪体验，会很明显地表现出来，有利于实验人员的观察，而且恐惧还是一种比较原始的情绪反应，如果没有恐惧的情绪，人们将会丧失对危险的察觉能力。

在正式进行实验之前，华生给阿尔伯特准备了一些白色的毛茸茸的动物以及玩具，因为华生认为这些物体属于中性刺激，不会引起人们恐惧的情绪。事实证明，阿尔伯特的确没有出现恐惧的反应，反而很喜爱这些东西。然后，华生开始测试阿尔伯特是否会对突如其来的巨大声响产生恐惧。华生认为，人们很容易对突然出现的巨大声响感到恐惧，这几乎是与生俱来的本能，事实正是如此，巨大的声响把阿尔伯特给吓哭了。

在实验开始后，华生向阿尔伯特呈现一只小白鼠，阿尔伯特一看到小白鼠，就表现出了喜爱的神情，尝试着伸手去抓小白鼠。在阿尔伯特还没有接触到小白鼠的时候，华生突然制造出了巨大的声响，受到惊吓的阿尔伯特立刻把手缩回来，并且露出了惊恐的表情。这个过程一共重复了三次。

在一个星期以后，华生会继续对阿尔伯特做类似的实验。在多次的重复中，阿尔伯特对小白鼠产生了巨大的恐惧。即使没有了巨大的声响，只要阿尔伯特一看见小白鼠，就会号啕大哭，然后转过身体飞快地爬走，试图远离让自己恐惧的小白鼠。这个现象说明，对某种原来并不恐惧的东西产生恐惧的情绪体验，只需要一周的时间就可以培养出来。

又过了一个星期，阿尔伯特再次被华生请到他的实验室，这次华生决定为阿尔伯特呈现一些类似小白鼠的动物，例如小白兔等，想看一看阿尔伯特的习得性恐惧反应是否已经“泛化”。结果华生发现，当阿尔伯特看到小白兔后，立刻出现了恐惧的消极情绪反应，最初阿尔伯特只是低声抽泣，然后渐渐失声痛哭，同时还不断地爬着，想尽可能地远离小白兔。当华生试图让阿尔伯特用手触摸小白兔的时候，阿尔伯特把自己的脸埋在垫子里，并且恢复之前爬行的姿势，边哭边爬。

与此同时，华生开始让阿尔伯特观看白色的小狗、白色的皮毛大衣、一包白棉花以及自己头顶灰白的头发，结果发现阿尔伯特对这些东西都十分恐惧。

这个时候，华生知道阿尔伯特已经形成了习得的情绪反应。但是，这种情绪反应的持续是否能经过时间的考验还有待实验检验，于是华生在五天之后再次把阿尔伯特请到了自己的实验室，并且向阿尔伯特呈现积木、白鼠、白兔、白狗等物体，结果发现阿尔伯特对白鼠、白兔、白狗依然恐惧，尤其是白鼠，当看到白鼠时他会恐惧地哭泣，看到白兔时，虽然会恐惧，但是反应并不强烈。

此外，华生还考虑到环境的影响。由于阿尔伯特是在同一个实验室接受实验的，那么如果换一个新的环境，是否会出现这种恐惧的反应呢？华生的这种考虑非常有必要，因为环境对一个人的影响十分巨大。例如生活在寒冷地区的人，性格一般比较理智，在恋爱的时候虽然不会表现得特别热情，但是婚姻往往能走得比较长远，这是理智的习惯；而生活在炎热地区的人们，性格一般比较感性，会很容易陷入恋爱之中，但是婚姻往往很容易半路夭折。出于这种考虑，华生决定看看阿尔伯特对这些白色毛茸茸的动物以及物体在实验室以外的环境中的反应。

一天，华生把阿尔伯特带到了一个光线明亮的房间内，与之前实验室的阴暗形成了强烈的反差，而且这里除了华生之外，还有许多人，十分热闹。实验开始后，华生发现尽管阿尔伯特会对白鼠和兔子感到恐惧，但是这种恐惧的情绪反应远远没有在实验室内那么强烈。

接下来，华生想看看阿尔伯特对此类物体的恐惧会持续多长时间。但是不久之后，阿尔伯特就被人领养了，所以实验只好被迫中断了 31 天。31 天后，华生主动找到阿尔伯特并向他呈现白色毛茸茸的物体，结果发现，阿尔伯特的恐惧反应依然存在。

这是这次实验的最后一个环节，事实上，华生还专门设计了一个情绪矫正的实验，也就是帮助阿尔伯特克服对白色毛茸茸物体的恐惧反应。例如强制阿尔伯特接触白色绒毛状的物体，渐渐地阿尔伯特会发现，在接触白色绒毛状的物体时，并没有什么可怕的事情发生。当重复几次之后，阿尔伯特对白色毛绒状物体的恐惧情绪将会慢慢减弱直至消失，恢复到原来的状态。尽管阿尔伯特的情绪反应会恢复正常，但是过程应该非常痛苦。由于阿尔伯特已经被人领养，而领养人并不同意阿尔伯特继续参与后续的实验，所以矫正的实验无法进行。

这项实验有力地证明了华生的理论和猜想。但是，华生这次并没有像以往一样得到大家的认可。因为相对于实验结果的准确性，人们更关心的是小阿尔伯特的心理健康。很明显，华生的这个实验违背了人道主义原则。人们认为华生的实验会给小阿尔伯特的一生造成不可弥补的心理伤害。例如在西方社会圣诞节是一个很神圣的节日，而圣诞老人颇受孩子们的喜爱，因为圣诞老人会给人一种很慈祥的感觉，但是在小阿尔伯特心中，圣诞老人将是恐惧的象征，尤其是圣诞老人的白头发和白胡子会让小阿尔伯特恐惧不已。

关于恐惧这种情绪，人们一直在争论不休。有些人认为人类天生就具有恐惧的情绪，并且天生就对某些事物恐惧，不需要后天的习得。另外一些人则认为恐惧的情绪体验完全是后天习得的结果，所谓“初生牛犊不怕虎”就是这个意思。在做完这个实验后，华生更加确信自己的观点，甚至还狂妄地说：“请给我十几个健全的婴儿，让我在我的特殊世界中对这些婴儿进行教养。我可以保证，在这十几个婴儿之中，我随便拿出一个婴儿来，不论他的父母能力、爱好、才能、职业以及种族是怎样的，我都可以将他训练成为一个领域的专家。我可以把他训练成一个医生、律师、艺术家或商界首领，甚至可以把他训练成为一个乞丐或窃贼。”

恐惧是一种负面的情绪体验，我们都希望摆脱自身的恐惧。但恐惧对于人类生存的积极意义不能忽略，没有恐惧，我们就无法察觉环境中的危险，很可能给自身的生命安全带来威胁。

才华横溢的华生

华生小时候并不是一个喜欢学习的孩子，他很调皮，后来在大学中的专业并不是心理学，而是哲学。但华生发现自己对哲学越来越厌烦，反而更喜欢心理学。博士毕业后，华生在芝加哥大学当讲师，他边工作边学习，并且喜欢做动物实验。他从实验中总结出了许多新的心理学理论，并且开始在心理学界崭露头角。后来，华生获得了霍普金斯大学教授的职位。虽然华生并不愿意离开芝加哥大学，但是由于霍普金斯大学的报酬更丰厚，并且为华生提供指导实验室的机会，华生便决定进入霍普金斯大学当教授。

后来，华生与其年轻美丽的研究生助手罗莎莉·雷纳（曾经参与华生对小阿尔伯特的实验）在合作期间产生了感情，他的出轨行为很快就被妻子玛丽·伊克斯知道了。伊克斯利用雷纳参加聚会的时间，潜入雷纳家中找证据，拿到了华生写给她的情书，之后便和华生离婚。1920 年，这份情书到了校长弗兰克·古德劳手中，古德劳不允许霍普金斯大学的教授有这样的丑闻，就向华生施压，希望他能主动辞职。

华生被迫辞职后，知道自己不可能继续在学术界发展了，于是就改行从商。华生用行为主义心理学进行广告宣传，取得了不错的效果，成为一名成功的广告商人。

幼猴与幼儿

——依恋实验

常言道："有奶便是娘。"对于哺乳期的生命——不管是动物的幼崽，还是人类的幼儿来说，奶水真的那么重要吗？幼儿（幼崽）与母亲之间的爱与依恋是如何产生的？这种幼年期的情感又会对其一生产生怎样的影响呢？

当母亲喂养婴儿时，婴儿的基本生理需求会得到满足，而且会因为亲密接触，强化双方之间的爱。但是，爱是母亲在喂养婴儿时的副产品，还是通过亲密接触产生的呢？发展心理学家亨利·哈罗很想通过实验解决这个问题，但是由于伦理道德的影响，哈罗不可能用人做实验。所以，哈罗开始用动物做实验，而比较理想的实验对象是猴子。

哈罗在研究猴子的成长过程时，发现了一个有趣的现象。哈罗把幼猴关在一个笼子中喂养，每天都会给幼猴提供牛奶，但是这些幼猴并没有母猴的陪伴。在幼猴生活的笼子中，有一个棉垫子。当哈罗为猴子清理笼子的时候，发现幼猴会紧紧地抓住那个棉垫子，当哈罗把棉垫子拿走的时候，幼猴会十分愤怒，拼命地把棉垫子夺回来，而且会对哈罗产生很深的敌意。据哈罗的观察，对幼猴而言，装有牛奶的瓶子远远没有棉垫子重要。因为当幼猴正在吃奶的时候，如果哈罗夺走幼猴的奶瓶子，幼猴只是咂咂嘴，并没有过激的反应。

哈罗认为幼猴之所以会出现这种举动，是因为那个棉垫子对幼猴来说是感情的寄托。因此哈罗认为，对幼猴来说，感情的需要和基本的生理需要一样重要，甚至更强烈。为了证明这个猜测，哈罗决定设计一个实验。

哈罗找来了八只幼猴，并且随机把幼猴分成两组，关在不同的笼子中，并且还制作了两只假母猴，作为幼猴的代理母亲。其中一只假母猴是木头制成的，木制母猴的表面覆盖了一层柔软的皮毛，就好像猴子的毛发一样；另一只假母猴是铁丝制成的，表面不是毛茸茸的，而是光滑的。哈罗还在这两只假母猴的身上安装了奶瓶和灯泡，为幼猴提供牛奶和温暖。

经过一段时间的实验，哈罗发现由木制母猴抚养的幼猴健康状况良好，但是由铁丝母猴抚养的幼猴健康状况令人担忧，因为幼猴不仅很瘦小，而且还容易出现拉肚子的现象。

实验人员给两个笼子中的幼猴所提供的食物都一样，也就是说影响幼猴健康状况的并不是生理方面，而是心理方面。哈罗认为木制母猴可以让幼猴产生接触感，从而满足了幼猴对母猴的依赖心理，所以幼猴才能健康成长，但是铁丝母猴却无法满足幼猴的依赖感。

后来，哈罗把这八只幼猴都放在了同一个笼子中。哈罗发现，所有的幼猴只要一空闲下来，就会偎依到木制母猴那里。即使有的幼猴在需要吃奶的时候，不得不离开木制母猴，但在吃完奶之后会立刻回到木制母猴身边。

哈罗还发现，有时幼猴会离开木制母猴去玩耍。但是，只要幼猴一遇到令自己恐惧的事情，它们会马上跑到木制母猴那里，似乎想要从木制母猴那里寻求安慰。

后来，哈罗把这些幼猴带到了一个陌生的环境中，这里摆满了幼猴感兴趣的东西。但是，哈罗发现幼猴根本无法适应这个新环境，它们显得十分焦虑和恐惧。

为了安慰幼猴，哈罗把木制母猴放到了新环境中。结果他发现，幼猴纷纷跑到木制母猴这里寻求安慰。过了一会儿，幼猴的情绪渐渐稳定下来，开始观察周围陌生的环境，还发现了许多有意思、好玩的东西，于是就开始兴趣盎然地玩耍起来。

但是哈罗注意到，当幼猴玩耍的时候，会时不时地看向木制母猴，好像确认木制母猴有没有离开一样。当幼猴看到木制母猴依然在那里时，会继续安心地玩耍；当幼猴发现木制母猴不见了，它们立刻会停止玩耍，开始寻找木制母猴。当找不见时，就会陷入焦虑和恐惧之中，哈罗认为这是一种缺乏安全感的表现。

通过这个实验，哈罗认为对于一个婴儿而言，与母亲的亲密接触和依赖十分重要，如果没有这些，婴儿是无法健康成长的，而且还会影响其爱的能力和与人接触的能力。最终哈罗认为，爱源于接触而非食物。

亨利·哈罗的猴子依恋实验提供了许多有价值的实验成果，表明了用低于人类的物种来研究人类问题是很方便的。但是想要研究人类婴儿对母亲的依恋，就不能使用哈罗的实验方式，因为这会遭到人道主义者的攻击。

虽然哈罗的猴子依恋研究有许多可以借鉴之处，但是令人困惑的问题依然摆在眼前："有关猴子的依恋实验是否能给我们有关人类复杂行为和心理发展的研究带来一些准确有用的启示呢？"为了得到精确的实验结果，心理学家后来又做了大量关于人类依恋研究的实验，比如安斯沃斯进行的陌生人情境实验。

心理学家找来一些幼儿及其母亲，然后把被试安排在提前设计好的"陌生情境"中。实验的具体步骤如下：

1. 母亲带着幼儿进入实验室，也就是"陌生情境"中，把幼儿放到一把周围堆满了玩具的小椅子上，然后走开，坐在幼儿对面的位置上；

2. 几分钟过后，会有一个陌生人进入到实验室，待一会儿后，会试图利用玩具和幼儿玩耍；

3. 母亲离开实验室；

4. 母亲回来和幼儿玩耍，而刚刚进入的陌生人会悄悄离开实验室；

5. 母亲再次离开实验室，实验室内只剩下幼儿一人，幼儿需要在这个孤独的环境中待上三分钟的时间；

6. 陌生人进入实验室；

7. 母亲进入实验室。

实验室有一面单向镜子，在整个实验过程中，幼儿的所有举动都在实验人员的视线范围内，实验人员需要按照各种不同的指标来记录幼儿的各种反应，例如幼儿的积极水平和玩耍内容；哭泣和其他消极的表情；试图接近母亲和引起母亲对自己的注意力；试图接近和愿意与陌生人玩耍等。

通过实验心理学家发现，几乎所有的幼儿在母亲不在实验室的时候，都表现出了不安，不论是和陌生人在一起还是单独一个人。当幼儿意识到母亲不在实验室时，他会表现出焦虑不安的情绪并四处寻找母亲的身影，当发现母亲根本不在这里时，幼儿就会大声哭叫。

当消失的母亲重新出现在实验室，超过半数的幼儿都会选择与母亲进行亲密接触，表现出依恋母亲的行为。但是，也有一些幼儿在母亲回来时根本不会注意。有的幼儿甚至会表现出十分矛盾的行为，例如哭闹着让母亲把他抱在怀里，当母亲抱着他时，他又会赌气地让母亲放他下来，挣脱母亲的接触与怀抱。

同样的经历，幼儿却表现出了不同的反应，这就说明了幼儿对母亲的依恋存在个体差异。实验人员通过对一些幼儿在家庭生活中的表现进行具体观察发现，那些在实验中与母亲重聚时，表现出与母亲亲密接触的幼儿，他们更具有安全感。相反，那些表现出冷漠地逃避或者矛盾行为的幼儿，他们的依恋类型属于焦虑依恋，是因为依靠不到母亲而表现出的焦虑性防御行为。

针对这些不同的实验结果，心理学家安斯沃斯把幼儿的依恋类型划分为三种：第一种，回避型（A 类型）；第二种，安全型（B 类型）；第三种，矛盾型（C 类型）。

回避型幼儿的依恋表现：这类幼儿与母亲之间的感情很冷淡，当与母亲在一起时，很少理会母亲，只是独自玩耍。与母亲分离时，悲伤程度比较浅，能专心做好自己的事情。当与母亲重聚时，很少主动与母亲进行亲密接触，被母亲拥抱时会挣脱母亲的怀抱或者把身体移开。

安全型（B 类型）幼儿的依恋表现：与母亲在一起时，这类婴儿会主动与母亲亲近，但并不总是依赖在母亲身上，而是积极地探索周围的新环境，同时保持与母亲的沟通，不论是远距离还是近距离。当母亲离开时，这类幼儿会表现出焦虑不安，甚至是哭泣。当与母亲重聚时，幼儿会立即与母亲接触，以缓解自己的不安与焦虑，然后恢复平静状态继续玩耍。这类幼儿虽然对接触陌生人有一定的抵触心理，但是在母亲的指引下，会主动与陌生人进行交流。

矛盾型（C 类型）幼儿的依恋表现：这类幼儿对母亲是否在自己身边十分在意，当母亲离开后，他们会第一时间感觉到母亲不在自己的身边，并且陷入极端的痛苦之中。当与母亲重聚时，他们一方面渴望与母亲接触，另一方面却在母亲与自己亲近时表现出生气的情绪。这类幼儿的焦虑不安情绪很难恢复，需要很长时间才能回到平静的状态，通常需要母亲哄很长时间才能继续玩耍。而且，他们对陌生人的接触表现出退缩的反应。

安斯沃斯认为，在这三种依恋类型中，安全型属于良好、积极的依恋；而回避型和矛盾型属于消极、不良的依恋类型。

母子之间的皮肤接触

美国心理学家马歇尔·克劳斯和约翰·肯内尔提出有关依恋的一种假说，即母子之间早期的皮肤接触，会促进他们亲子依恋关系的早期发生。这就是著名的克劳斯—肯内尔假说。

为了验证假说的准确性，这两位心理学家专门研究了 28 个刚刚生下足月健康婴儿的母亲。在这些母亲刚刚生产完毕后的 3 天内，实验人员让其中 14 位母亲按照以往的惯例与婴儿接触，即产后让母亲看看婴儿，在 6 ~ 12 个小时之后，母亲开始给自己的孩子喂奶，以后每隔 4 个小时，这些母亲就会为孩子喂奶。剩下的 14 位母亲在产后 3 小时，就被安排与孩子进行皮肤接触，接触时间为 1 小时。而且，这 14 位母亲还比那 14 位母亲每天多出了 5 个小时抱孩子的时间。

1 个月后，实验人员开始检验实验成果。结果发现，那些与婴儿有 1 个小时皮肤接触的母亲对孩子的爱抚更多，而且在给孩子喂奶时抱得更紧。而在对婴儿的生理发展检测中，实验人员发现那些与母亲有 1 小时皮肤接触的婴儿生理状况更好。

棉花糖的诱惑

——延迟满足实验

自制力强弱影响着我们的人生。孩子能抵御诱惑吗？我们何时有了自制力呢？心理学家通过实验验证了儿童不同程度的自制力，而自制力的表现又与他们日后的命运相关。

20世纪60年代，美国斯坦福大学心理学教授沃尔特·米歇尔设计了一个著名的延迟满足实验——棉花糖测验。为了完善实验的细节，米歇尔首先在自己的女儿身上不断尝试。选择多大的棉花糖、哪种曲奇饼干比较有效果，这些细节都需要仔细考虑，因为他的实验对象是幼儿园里四五岁大的孩子。经过几个月的推敲，米歇尔终于想到了一个可行的方案。

1968年春天，他在斯坦福大学的比恩幼儿园进行了第一次实验。还没开始，米歇尔就知道自己的设计肯定有效，因为有几个孩子听完规则后就觉得“这个实验太难了”，继而决定退出实验。

实验人员把儿童安排在一个房间内，这个房间只有被试自己一个人，还有一张桌子和一把椅子，桌子上放有一个盘子，里面盛着儿童喜爱的棉花糖。

当实验人员把儿童领到房间后，会告诉儿童：“你可以马上吃掉盘子中的棉花糖，但如果等我回来后再吃，你将会额外得到一块棉花糖。你还可以按响桌子上面的铃铛，当我听到铃声后就会马上赶到这里。”

对于这些儿童来说，这个等待的过程是十分难熬的，他们需要有顽强的自制力，因为诱惑就在眼前，美食唾手可得。

实验人员观察到，有的儿童为了不去看那颇具诱惑的棉花糖，会用手捂住眼睛或者转过身体，故意转移自己的注意力；有的儿童则开始做一些反映他们烦躁心情的小动作，例如踢桌子或拉扯自己的小辫子等；有的儿童甚至会用手去打棉花糖。

实验表明大多数儿童都选择了放弃，而且他们坚持的时间往往不会超过三分钟。有些儿童甚至根本没有来得及按铃铛，就迫不及待地把棉花糖送进了自己的嘴巴，而少数儿童则选择了坚持半分钟后按响铃铛，然后吃掉棉花糖。

实验中只有大约 1/3 的儿童成功延迟了自己对棉花糖的强烈欲望，差不多 15 分钟后，实验人员出现在他们面前，兑现了自己的承诺，给了儿童一块棉花糖作为奖励，这些儿童最终吃到了两块棉花糖。

在这项实验结束后，米歇尔在一次与三个女儿（同样参加了延迟满足实验）的闲聊中，发现了一个有趣的现象，即这些儿童的学习成绩与他们参加实验时的延迟能力存在着密切的关系。这一发现让米歇尔决定对这些参加实验的儿童进行跟踪调查。

从 1981 年开始，米歇尔与那些参加实验的儿童的父母和老师联系，并且发出调查问卷，调查问卷的内容包括孩子的学习成绩、处理问题的能力以及与其他同学的关系等方面的问题。

通过这项调查研究，米歇尔发现，那些当年参加实验时马上按铃吃棉花糖的孩子不论是在家里还是在学校里，都更容易出现问题，他们的学习成绩较差，而且承受压力的能力很差，很难与周围的人维持长时间的友谊。相反，那些坚持了 15 分钟后再吃棉花糖的孩子在学习成绩上比另外的孩子要好很多。

当然，米歇尔的跟踪调查并没有结束，等那些孩子到了 35 岁左右时，米歇尔又展开了一项调查研究。结果发现，那些延迟满足能力差的孩子更容易染上毒品。

后来，米歇尔教授决定继续深入研究，他找来了当年参加实验的孩子，并且用功能磁共振成像仪对他们进行了脑部扫描，希望通过研究扫描图，找出大脑中对延迟满足能力发挥作用的特定区域。此外，实验人员还对被试进行了基因测试，以研究是否存在控制人类延迟满足能力的遗传因素。

许多心理学家都认为一个人成功的关键在于智力的高低。但是米歇尔却认为，一个人的自控能力才是决定智商是否起作用的关键所在。而延迟满足能力其实就是自控能力。

对于延迟满足实验的结果，有许多人提出了疑问。例如有的人认为，参加实验的儿童是否愿意等待 15 分钟与他们对棉花糖的渴望程度有关。如果有的儿童不是那么喜欢吃棉花糖，那么他就可以捺着性子等下去。但是一项调查很快就击碎了这个猜想。因为调查显示，孩子们都迫切希望尽快得到第二块棉花糖，这说明孩子们对棉花糖十分有兴趣。那么，到底是什么决定了孩子们的延迟满足能力呢？

米歇尔通过观察发现，肯等待的孩子会转移自己的注意力，例如捂着眼睛不去看棉花糖、唱歌、玩耍等。也就是说，他们对棉花糖强烈的渴望暂时消失了。因此，米歇尔说："如果孩子意识到，学会转移注意力和思想就可以实现自我控制，那么他们就成功了一大半。"

为了找寻支持"延迟满足受到基因影响"的证据，米歇尔继续以不同的孩子做实验，比如测试来自不同阶段孩子的延迟满足能力。19 个月大的婴儿已经有控制自己的能力了。在一个婴儿延迟满足的实验中，当婴儿被抱离妈妈身边时，有的婴儿立刻哇哇大哭，有的婴儿则利用其他方式转移焦虑的情绪，比如玩玩具、做搞怪的表情。米歇尔跟踪了这些婴儿，当他们 5 岁大时，给他们做同样的棉花糖测验，结果显示，当初那些妈妈一离开就哇哇大哭的孩子无法抵抗棉花糖的诱惑。

做一个善于自制的人

由于这个实验延迟了孩子获得满足的时间，因此又被称为延迟满足实验。延迟满足，其实就是忍耐。为了追求更大的目标，获得更大的收益，暂时克制欲望，抵御眼前的诱惑。延迟满足是一种克服当下困境，力求获得长远利益的能力。延迟满足是被抽象推理能力控制的，即时的满足能带来快感，延迟满足则需要自我控制能力。生活中，有的人倾向于将自己喜欢的事放在前面做，等喜欢做的事都做完了，只剩下那些不喜欢做的事，完成工作就变得难上加难了。

用钱锺书的一段话可以准确地形容延迟满足。钱锺书曾经说过：天下有两种人，一串葡萄到手，一种人挑最好的先吃，另一种人把最好的留在最后吃。照例第一种人应该是乐观的，因为他每吃的一颗都是吃剩下的葡萄里最好的；而第二种人应该是悲观的，因为每吃的一颗都是吃剩下的葡萄里最坏的。不过事实上却适得其反，因为第二种人还有希望，第一种人只有回忆。

孩子们的难题

——儿童道德发展实验

每个人都有属于自己的道德标准，或许没有人会仔细想自己的道德标准到底是什么，但是这并不妨碍道德标准规范我们的日常生活。

在儿童心理学的早期，心理学家并不注重对儿童道德形成的研究，但是皮亚杰和柯尔伯格却十分重视，并且展开了一些实验研究，最终得出了自己的结论。

皮亚杰是第一个系统地探索和研究儿童道德认知发展的心理学家。皮亚杰在研究儿童道德认知发展的时候采用了独特的谈话法，在实验的过程中向儿童提出一些提前设计好的问题，然后根据儿童所回答的内容进行统计与分析，从而找出一定的规律。

皮亚杰为了研究儿童对游戏规则的意识、理解和使用状态，专门设计了一个玩弹子游戏。参加这次实验的儿童有 20 名，年龄在 4 岁～ 13 岁之间。

通过对实验结果的分析，皮亚杰发现儿童在比赛打弹子之前会先对游戏规则进行一定的了解，而这种了解主要有三个阶段。第一阶段，儿童无法认识需要遵守游戏规则的义务，通常会把自己认定的规则与成人教给的社会规则混合在一起。第二个阶段，儿童认为游戏规则是外部强加的，并且不能加以改变。这个时候，儿童对规则的认识是建立在强制性的基础上的。例如年幼的儿童在与年龄较大的儿童一起游戏时，并不知道自己为什么要遵守游戏规则，认为那是大孩子强迫他们遵守的。第三阶段，儿童认为游戏规则需要通过彼此之间的商定，并非一成不变。这个时候，儿童已经不再把游戏规则看成是神圣不可侵犯的，双方遵守游戏规则的基础就是合理与公平。

在皮亚杰的研究之后，很少有心理学家关注道德发展的问题，直到柯尔伯格的道德发展实验出炉。柯尔伯格的实验研究不仅对皮亚杰的观点进行了继承与拓展，同时还激发了人们对研究道德发展的兴趣，开始思考和柯尔伯格一样的问题：“没有是非观念的婴儿到底是如何形成道德观念的？”

一个人在刚刚出生时，没有现在社会中所存在的道德是非观念，但是随着年龄的增长，孩子们逐渐产生了一定的道德是非观念。在不同的年龄阶段，孩子们的道德是非观念有一定的区别。为了研究儿童的道德发展水平，心理学家柯尔伯格设计了一系列的道德两难故事来进行实验研究，其中“海因茨偷药故事”最为典型。

有一个女人患有罕见的癌症，时刻面临着死亡的威胁。女人的丈夫叫做海因茨，海因茨夫妇的生活状况很一般，自从海因茨的妻子患病后，海因茨花尽了家中的所有积蓄为妻子看病，但是妻子的病情并没有好转，反而越来越严重。

在最后一次看病时，医生告诉海因茨：“你的妻子已经病入膏肓，这个世界上只有一种药能挽回你妻子的生命，那就是一位药剂师所发明的镭。这种镭能杀死你妻子体内的癌细胞，让她重获健康。”

医生的一番话让海因茨看到了希望，于是他赶紧去找那个药剂师，并向对方说明自己买药的意图。但是药剂师所提出的价格让海因茨由充满希望变成了失望，因为镭的价格实在太昂贵了。且不说海因茨已经为妻子治病花光了积蓄，就算没有花掉那么多钱，海因茨也买不起这种药。

失望的海因茨开始想办法，他首先想到了借钱。于是，海因茨就开始忙着向亲戚朋友借钱，他花了很长时间，才借到了购买那种昂贵药物所需的一半的钱。拿着这笔钱，海因茨找到那个药剂师，说：“这是我借的钱，我现在只能出这么多钱。我妻子的癌症不能再继续等下去了，请你看在上帝的分上，帮帮我们吧。等我妻子的病好了以后，我会努力工作赚钱，把剩下的钱还给你。”

海因茨的这番话并没有使药剂师感动，药剂师还是坚持原来的要求：没有足够的钱，就拿不到药。被逼无奈的海因茨终于绝望了。绝望的海因茨在一个晚上闯入药店内，为了妻子偷走了那昂贵的药物。

在实验中，柯尔伯格找来了不同年龄阶段的儿童，然后向他们讲述这个道德两难的故事。最后，这些儿童需要接受两个小时关于这个故事的访谈。在访谈过程中，柯尔伯格会录音，以便对儿童的道德发展情况做出分析，从而得出相应的结论。

柯尔伯格最初的实验是在芝加哥郊区进行的，有 72 名男孩参加了这个实验。柯尔伯格把这 72 个男孩分成了三个年龄组，即 10 岁、13 岁和 16 岁。在每个年龄组中，其中一半的人来自中上等经济生活水准的家庭，而另一半是来自中下等经济生活水平的家庭。这些孩子都发表了自己的看法。

例如 13 岁的男孩基本上是这样评价海因茨偷药难题的："这件事情本来就是药剂师的错，他是一个唯利是图的人，抬高药物的价格而不顾别人的死活。海因茨深爱他的妻子，所以才会偷药去救妻子。我觉得任何人面对海因茨的情况，都会像他一样，毕竟人的生命是最宝贵的。我相信他不会被关进监狱中，法官一定也是这么想的。"

16 岁男孩的看法与 13 岁男孩稍有不同："药剂师花费了很长时间和精力，才发明了那种治疗癌症的药物，所以他有权决定药物的价格，尽管那个价格对普通民众来说高得离谱。我不觉得海因茨的做法是完全正确的，尽管我觉得任何人都会为自己的妻子那么做。海因茨这样做的结果就是，他因为触犯法律而进监狱，而他的妻子会得救。这是海因茨自己的选择，他有十分正当的理由可以这样去做。但是从法律的角度来看，海因茨的做法是错误的。"

柯尔伯格在实验研究中采用的是纵向研究法，经过长达十年的实验研究，柯尔伯格于 1969 年提出了关于儿童道德发展的"三水平六阶段理论"。

第一个水平，又被称为前习俗水平阶段（或前道德水平）。这个阶段被细分为两个阶段：第一阶段，惩罚和服从的定向。这个时候的儿童以行为的后果作为判断是非的标准。例如，在海因茨偷药的问题上，儿童会这样考虑，海因茨不应该偷药，因为这样会受到法律的惩罚；海因茨应该偷药，否则妻子就会死，而且他之前已经请求过药剂师。第二阶段，朴素的利己主义定向。这个时候儿童会以个人需求是否能得到满足来判定事情的好坏。例如，在海因茨偷药的问题上，儿童会这样考虑，海因茨不应该偷药，因为他的妻子对他并不好，没必要为妻子去冒险；海因茨应该偷药，因为海因茨的妻子对他很好，他应该为救妻子的性命而偷药，这是关心妻子的行为。

第二个水平，又被称为习俗水平（或习俗角色遵从的道德水平）。这个水平阶段被细分为两阶段：第三阶段，好孩子定向。这个时候，儿童以“取悦别人就是对的”作为是非判断的标准。例如，在海因茨偷药的问题上，儿童会认为海因茨应该偷药，不管他的妻子对他好不好，他都应该去偷药，这是对妻子负责的表现；海因茨不应该偷药，因为即使他的妻子活下来了，也会因为海因茨的偷药行为而蒙受耻辱。第四个阶段，维护权威的定向。以维护现有的法律和社会秩序为准则，尽量做到尽责尽职。例如，在海因茨偷药的问题上，儿童会认为海因茨应该偷药，这才尽到了做丈夫的义务；海因茨不应该偷药，虽然采取非常手段救妻子的命是合情合理的，但是偷东西触犯了法律。

第三个水平，又被称为后习俗水平阶段（或自我接受的道德准则的道德水平）。这个水平阶段被细分为两个阶段：第五阶段，遵守法律法规和社会契约阶段。把社会价值和个人权利作为判断是非的标准。例如，在面对海因茨偷药的问题时，儿童是这样看待的，海因茨应该偷药，法律虽然禁止偷盗行为，但是却没有考虑到因为救人而偷盗的情况。尽管海因茨偷药了，但是他是为了救人。应该改变的不是海因茨，而是法律规定，稀有药物应该按照公平的原则加以调节和控制；海因茨不应该偷药，因为偷药救人不属于正常的夫妻义务，海因茨已经为妻子尽到一个丈夫应尽的义务，如果海因茨去偷药，那么他这种行为将超出规范和职责。第六阶段，个人良心和原则的定向。是非标准是一种个人依照不同原则所确立的准则。例如，在面对海因茨偷药的问题时，认为海因茨不应该偷的理由是，海因茨想办法救妻子的性命这点无可非议，但是海因茨却没有考虑到其他人也需要这种珍贵的药物，他的做法，对其他人不公平；认为海因茨应该偷药的理由是，为了救人性命而去偷药是值得的，对每一个有道德的人而言，生命都是可贵的。

除了海因茨偷药这个道德两难问题之外，柯尔伯格在做实验时还经常用到一个“弟弟的难题”的故事。

乔的父亲曾经承诺过，如果乔能自己挣够 50 美元，那么乔就可以拿着这笔钱去野营。但是后来乔的父亲后悔了，命令乔把 50 美元都交给他。乔为了去野营就撒谎说，他只挣了 10 美元。把 10 美元交给父亲后，乔拿着剩下的 40 美元去野营了。在参加野营之前，乔把撒谎的事情告诉了弟弟阿历克斯。请问，阿历克斯应该把事情的真相告诉父亲吗？

13 岁孩子的答案是，一方面，阿历克斯应该把事情的真相告诉父亲，因为他如果不告诉父亲，父亲就会生气，这样阿历克斯就会挨打；另一方面，阿历克斯应该保持沉默，否则他的哥哥乔会揍他。

16 岁孩子的答案是，如果阿历克斯不告诉父亲，父亲发现后会不再信任阿历克斯；如果阿历克斯把真相告诉父亲，那么哥哥就不再信任他。

柯尔伯格的传奇经历

劳伦斯·柯尔伯格（Lawrence Kohlberg，1927 ~ 1987），美国著名的儿童发展心理学家，继承并发展了让·皮亚杰的道德发展理论，着重研究儿童的道德认知发展，并且提出了“三水平六阶段”的道德发展理论，在国际心理学界和教育界均产生了重大影响。

柯尔伯格出生在美国纽约州的布隆维尔市的一个富商家庭。柯尔伯格在高中毕业后做了一件十分叛逆的事情，那就是不顾家人的反对自愿成为一名商船机务士，主要从事协助第二次世界大战后欧洲犹太难民通过英国海防偷渡到以色列的工作。

这段特殊的工作经历让柯尔伯格开始思考一个问题：“从什么时候开始，一个人开始不再服从法律或法定权威，并且认为这在道德上是正确的？”这个问题的思考与他日后研究道德发展密不可分。

与此同时，这段经历还给柯尔伯格带来了终生的疾病，即寄生性肠胃感染。柯尔伯格在从事商船机务士工作的时候被抓住过，并且在一个军营中被关押了一段时间。虽然柯尔伯格幸运地逃脱了，但是却因此永远被寄生性肠炎感染的疾病困扰着。晚年时期，寄生性肠炎不断地发作，柯尔伯格一直在忍受来自肠胃的疼痛。

在柯尔伯格 60 岁的时候，他的心理处于极度压抑的状态，甚至还和一位朋友讨论起自杀的道德两难问题。柯尔伯格对朋友说：“如果一个人对其他人负有很大的责任，那么这个人应该选择坚持。可是，与病魔的抗争实在太痛苦了。”后来，柯尔伯格在生病住院时无故消失。人们再也没有找到柯尔伯格，而是找到了他的尸体。对于柯尔伯格的死因，大多数认为是自杀。

柯尔伯格的学术生涯与让・皮亚杰十分相似，耗尽终生的精力都在研究道德认知发展的问题。正是如此，柯尔伯格也被认为是继让・皮亚杰之后对道德发展研究贡献最大的人。

什么样的奖励最好

——奖励实验

提到奖励，人们很自然地联想到金钱和其他有价值的东西。但心理学实验证明，肯定和赞美有时比金钱更有效，因为前者是无价的。

著名心理学家雷帕做过一个很经典的实验，这个实验被称为奖励实验。首先，雷帕在一所学校随机挑选了20名喜爱画画的儿童，并且把这20名儿童随机划分成两个实验小组。每个小组10人，被安排在不同的环境中接受绘画训练。

雷帕对第一组儿童说："如果你们在接受绘画训练的时候十分努力，而且画得也很好，那么教你们绘画的老师就会给你们发礼物，这是奖励。这个礼物是你们想得到的东西。"小朋友听到有礼物，十分高兴，在学习画画的时候十分认真，想要得到礼物。

雷帕对第二组儿童说："孩子们，老师对你们的期望很大，他很看好你们。他很感谢你们能选择绘画作为自己的兴趣，而且认为你们选择绘画是一个十分正确的决定，他会尽最大努力去教你们画画，希望你们能认真对待。"

在绘画培训刚刚开始的时候，这两组孩子的态度都十分认真，每次努力画完画之后，都是兴高采烈地交给老师。但是，两组孩子的动机却不一样。第一组孩子是因为想要得到礼物，才这么认真和兴致勃勃，而第二组孩子只想得到老师对自己作品的肯定，这样才能实现他绘画的价值。

第一组孩子用自己辛苦创作的作品，得到了梦寐以求的礼物。第二组孩子虽然没有得到礼物，但是却得到了老师的赞美。这项实验需要进行一个月左右的时间，才能看出实验的结果和效果。

很快，一个月过去了，雷帕开始验收自己的实验成果。这两个小组的儿童对绘画的态度出现了很大的差异。第一组孩子，也就是那个用绘画作品去换取礼物的小组，对绘画的兴趣明显下降了很多。有的孩子甚至对绘画一点儿也提不起兴趣来，甚至把自己的注意力转移到其他兴趣爱好上。可是第二组孩子依然对绘画保持着高涨的热情，有的孩子甚至比参加绘画培训之前更喜爱绘画。要知道，不论是第一组孩子还是第二组孩子，在参加绘画培训之前都对绘画十分感兴趣，不然雷帕也不会挑选他们来参加这次的实验。

雷帕的奖励实验就此结束了，通过这项实验，雷帕得出了一个结论，即过多的奖励不仅起不到激励的作用，反而会出现相反的副作用。

但是，雷帕得出的结论并没有得到大多数人的认可，因为他选择的实验范围太过狭隘，并不适合所有领域。为了验证自己的结论，雷帕把奖励实验延伸到不同的实验对象身上。雷帕甚至还在不同的国家、地区和不同成长环境中的被试进行了奖励实验。

雷帕奖励实验的对象虽然不同，但是得到的实验结果大同小异，都证明了雷帕的理论。后来，雷帕的这一结论还被应用到现实生活中，尤其是管理领域中。

管理层为了提高员工工作的积极性，想出各种各样的办法，其中实行奖励政策就是一种十分常见的手段。而且管理层还发现，当员工得到的奖励越多时，工作积极性就会越高；相反，如果奖励过低，那么员工工作的积极性就会大打折扣。基于这种常识，许多管理人员就会理所当然地认为奖励越多，员工工作的积极性就会越高。但是，事实远非如此。

2001 年，美国发生了著名的“安然事件”，这个事件就证明了奖励并非越多越好，过多的奖励反而会起到消极的作用。

安然公司刚刚成立的时候，公司的管理层就认定人才是公司发展的关键所在，所以想尽办法留住公司的精英。这家公司采取的方式就是实行高奖励政策。起初这种方式的确产生了不错的效果，员工为了得到高奖励纷纷努力工作，因此在这个阶段内，安然公司发展十分迅速。

可是，安然公司这种欣欣向荣的状态并没有维持多长时间，员工工作的积极性很快就被高昂的奖励给腐蚀了。特别是安然公司的高层们，他们开始不满于手中得到的奖金，他们想要得到更多，所以就采取了非常规手段——贪污、挖公司墙脚、制造亏空假账。没过多长时间，安然公司就被高管们挖空了。由于资金短缺，安然公司只好宣布倒闭。

“不要让你的员工吃得太饱”

奖励的确会让员工提高工作积极性，但是过度慷慨的奖励只会让员工把注意力集中在奖励本身，从而觉得自己工作的目的和意义就是得到更高的奖励。而且，过高的奖励还会使员工出现贪得无厌的心理，只想得到更多的奖励。

但是公司出于自身的考虑，当奖励达到某种程度后就不会再继续提升了。这时，公司停止增加奖励的做法，只会让员工产生不满和抱怨，进而影响工作的积极性。

在美国管理界流行着这样一句话：“不要让你的员工吃得太饱，因为这样会使员工迷失工作方向。”这种工作方向的迷失，其实就是员工把得到过高奖励作为工作的目标。如果一家公司所有员工的心思都花在敛财上，那么这家公司就是没有希望的。

给予员工过高的奖励，会起到负面的作用，并不意味着要给员工最低奖励或者不给予奖励，如果真的这样做，同样很难调动员工工作的积极性。

关于这一点，美国著名的管理学专家彼得·帕里给出了忠告：“在奖惩管理中，一直存在一种无形的力量，影响着管理的效果。它既不是原则，也不是制度。这种力量虽然看不见、摸不着，但却是真实存在的。它在管理中的作用类似于杠杆，也可以说是尺度。在管理工作中，不管是使用惩罚的措施，还是采用奖励的手段，都应该把握好尺度，不论是超过了还是不足，都无法得到良好的管理效果。”

既然这种无形的力量这么神奇，那么彼得·帕里所说的这个看不见、摸不着，但是却真实存在的尺度，到底应该如何把握呢？这一点应该根据具体情况而定。

不过，心理学家雷帕给了管理人员一个非常有价值的建议，即在管理中把握好“八分饱”的尺度。这里的“八分饱”并不是让管理层对员工实行苛刻的奖励制度，不给员工颁发属于员工的那剩余的“两分”奖励，而是选择一个恰当的时机。

有一家公司的管理者在给员工颁发属于员工的那“两分”奖励时，采用了这样的方式：“这是你的奖金 8000 元。”等员工准备离开的时候，管理者叫住了员工：“等一下。公司觉得你在这一年的表现十分优秀，这与你的家庭是分不开的，所以公司把另外这 2000 元发给你的妻子，以表示对你妻子的感谢。”事实上，这 2000 元是员工奖励中的一部分，只是采取了不同的方式颁发给了员工。而员工的妻子也会十分感激公司，会更加支持乃至督促丈夫努力工作。

期待创造奇迹

——罗森塔尔效应研究

当他人对我们充满期待的时候，为了不辜负对方，我们的热情和潜能会被激发出来，表现得更加出色。心理学家用实验证明了这一点。

教师期望效应实验是教育学和心理学领域中一个十分著名的实验，这个实验也被称为罗森塔尔效应实验，这是因为这个实验是由美国著名心理学家罗森塔尔教授设计完成的。

1966 年，罗森塔尔提出了这样一个问题，即研究变态心理学的人可能因为研究者自身存在的一些问题，把研究结果“污染”了。为了验证这一猜想，罗森塔尔设计了一些实验，实验的目的就是验证实验人员的偏见能否影响到研究的结果。

罗森塔尔让大学生用两组小白鼠做实验，并告诉大学生：“这两组小白鼠的品种不一样，一组小白鼠十分聪明，另一组小白鼠十分愚笨。”当然，这只是罗森塔尔的谎言而已。事实上，这两组小白鼠并没有太大的差异，属于同一品种。但是参加实验的大学生却十分信任罗森塔尔，毕竟罗森塔尔是哈佛大学的心理学教授，具有很高的权威。而罗森塔尔认为，由于大学生相信他的谎言，所以实验的结果肯定不一样。

大学生让这两组小白鼠学习走迷宫，看看哪一组小白鼠学习得更快一些。结果，大学生发现，那组“聪明”的小白鼠明显比“愚笨”的小白鼠要学习得快，因为“聪明”的小白鼠总能够先走出迷宫并找到食物。

罗森塔尔认为之所以会出现这种现象，是因为在实验的过程中，大学生对那组“聪明”小白鼠的态度是友善和蔼的，而对待“愚笨”小白鼠的态度则是粗暴的。正是因为这两种截然相反的态度，才出现了让人匪夷所思的实验结果。

罗森塔尔教授认为这种现象不仅会出现在动物身上，同样也会出现在人类身上，所以他很快设计了另一项实验。不久后，罗森塔尔和他的助手们来到了加州的一所普通中学，在这里，罗森塔尔要求老师对他们所教的学生进行智力测验，而罗森塔尔会把测验的结果告诉老师。例如，罗森塔尔会对老师说："你班上有些学生属于大器晚成的人。"然后，罗森塔尔会把这些学生的名字念给老师听。当然，这是罗森塔尔的谎言，大器晚成的学生名单也是罗森塔尔随机挑选的，他们与班上的其他学生并没有显著的不同。但那些老师十分相信罗森塔尔的话。

罗森塔尔认为，这些被列入大器晚成名单的学生，近期的学习成绩可能会得到改善。罗森塔尔向老师们宣布完大器晚成的学生名单后，就消失了，再也没有和学生接触过，老师也没有再提起这件事情。

这项实验从一个新学期开始进行，直到学期末，罗森塔尔才重新出现在这所学校内，并再次对这些学生进行智力检测。结果发现，那些在大器晚成名单上的学生的成绩明显比第一次测验结果更优秀。

为什么会出现这种现象？罗森塔尔的解释是，老师自从得知了这些学生会大器晚成以后，就开始给予这些学生特别的照顾与关怀，教师对学生的期待往往具有神奇的力量，可以让学生提高成绩。

那么，老师为什么会对特定的学生出现期待？这种现象从心理学的角度解释，就是因为在人们的头脑中事先存在着一种定式。这种定式可以认为是一种心向，具体是指在某一刺激发生反应以前，就已经存在某种意向了。例如，当你听说某人对自己很不满意时，那么在你与这个人相见时，即使他没有冒犯你，你依然看他不顺眼。如果你听说这个人喜欢挑别人话语中的毛病，那么在与他交流的时候，你就会刻意地注意自己说话的内容。这就是定式在起作用。正是因为定式的存在，你才会出现不同的反应，而这个反应与你平时的表现并不一样。

老师对罗森塔尔的话存在着一种定式。罗森塔尔是心理学界的权威，在这些老师心中的地位是很高的，他们对罗森塔尔所说的话自然深信不疑。因此当罗森塔尔指出某些学生是大器晚成的人才时，老师就开始对这些学生产生了积极的期望，并用对待聪明学生的态度去对待他们。因为老师的期望，学生也开始觉得自己是聪明的、优秀的，自信心得到提高，并按照聪明学生的标准去努力，最终成了成绩优秀的学生。

但是，统计同时发现：因为教师的期待而产生的差异在一年级和二年级这样的低年级比较明显，而在五年级和六年级这样的高年级则不是那么明显。

对于这种现象，罗森塔尔给出了一定的解释。首先，低年级的儿童比高年级的儿童具有更强的可塑性，在半年内往往会出现很大的变化。其次，由于一年级和二年级的儿童入学时间不长，还没有在教师心中形成牢固的印象，教师对每位学生所拥有的学习能力也没有深入的了解。这个时候，教师比较倾向于采纳罗森塔尔所给出的测验结果，从而对名单上的学生寄予了很高的期望。

罗森塔尔根据这些实验结果提出了相应的心理学理论，也就是罗森塔尔效应，具体是指，人们基于对某种情境的知觉而形成的期望或预言，会使该情境产生适应这一期望或预言的现象。简单来说就是，你期望什么，就会得到什么，你所得到的就是你所期待的。只要你充满信心地去期待，那么希望就有可能真的发生。

美丽的古希腊传说

罗森塔尔效应也被称为皮格马利翁效应。在古希腊神话中有这样一则故事，塞浦路斯的国王皮格马利翁是一个著名的雕塑家，他曾经精心创作了一座美丽的女性雕像，并且深深地爱上了雕像，还给雕像取了一个名字——盖拉蒂。后来，皮格马利翁给雕塑穿上美丽的衣服，并且与它亲吻与拥抱，但是得不到丝毫回应。为此，皮格马利翁十分绝望，他决定向神乞求帮助。

于是，皮格马利翁就带着丰盛的祭品来到阿弗洛蒂忒的神殿祈祷，希望女神能赐予他一位如同盖拉蒂那样美丽的妻子。皮格马利翁的真诚感动了阿弗洛蒂忒女神，女神决定帮助他。

皮格马利翁回到家后走到雕像面前，深情地凝望着雕像。这个时候，皮格马利翁发现雕像发生了变化，它的脸蛋开始变得红润起来，眼睛也开始有神采，嘴巴开始展露迷人的微笑。盖拉蒂拥有了生命，然后她走向了皮格马利翁并且深情地与他相视。最终，皮格马利翁和盖拉蒂结为夫妻。

遗忘的规律

——艾宾浩斯遗忘曲线

人的记忆有一定的规律，我们在学习知识之后就开始遗忘，但是遗忘的进程并不均匀，起初遗忘的速度很快，随后渐渐变慢。这个遗忘规律是德国著名心理学家艾宾浩斯首先发现的。

艾宾浩斯为了研究遗忘规律，发明了一种记忆材料，即无意义音节（可以读出来，但是不代表任何意义），用这种记忆材料做实验，可以避免许多干扰的因素。艾宾浩斯一共设计了2000多个无意义音节。此外，艾宾浩斯还在学习时间、背诵次数、记忆间隔时间和记忆方法等方面进行了严格的控制，以保证实验结果的一致性和可靠性。

总的来说，艾宾浩斯设计了大量的无意义音节，然后在严格的实验条件下研究遗忘的规律。他先在自己身上进行实验，而后在其他被试身上进行重复实验。

在实验开始后，艾宾浩斯会要求被试熟记许多无意义音节，在20分钟后进行回忆。结果发现，这些被试并不能把记忆材料中的无意义音节完整地回忆出来。于是，艾宾浩斯要求被试继续进行学习记忆，重新牢记这些无意义音节。虽然第二次的记忆是一个重新开始的过程，但是比第一次记忆节约了大量的时间。艾宾浩斯会把节约的时间记录下来，用以计算记忆保持量。

接着，艾宾浩斯会让被试重新学习另一套记忆材料中的无意义音节。在被试记熟之后，过一个小时再进行学习记忆，并计算记忆保持量。之后再换一套无意义音节。

这种记忆学习持续进行了很长时间，而且两次学习记忆的时间间隔也逐渐拉长。最开始是20分钟、1个小时，渐渐变成8 ~ 9个小时、1天、2天、6天、31天。之后，艾宾浩斯会把第二次记忆中节约的时间记录下来，计算记忆保持量。

以下是艾宾浩斯根据不同间隔时间计算出的记忆保持量，也就是被试的记忆成绩。间隔 20 分钟，记忆保持量为 58.2%；间隔 1 小时，记忆保持量为 44.2%；间隔 8 ~ 9 个小时，记忆保持量为 35.8%；间隔 1 天，记忆保持量为 33.7%；间隔 2 天，记忆保持量为 27.8%；间隔 6 天，记忆保持量为 25.4%；间隔 31 天，记忆保持量为 21.1%。

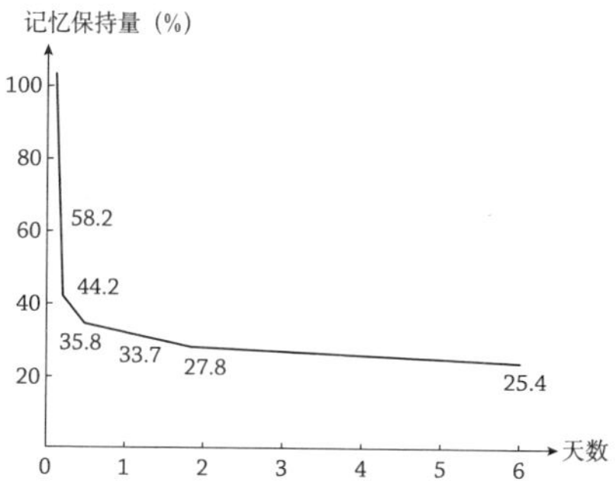

遗忘曲线

根据这个实验结论，艾宾浩斯绘制了遗忘曲线图，充分表现了人们遗忘的规律。例如在刚刚学习记忆后，人们记住的无意义音节最多；过了 20 分钟后，所记住的无意义音节开始大量遗忘，仅仅保留下了 58.2%；1 个小时后，仅剩 44.2%。接下来，人们遗忘的步伐变得越来越慢，直到过了 31 天后，被试还能记住记忆材料的 21.1%。这个遗忘曲线图说明了人的遗忘进程是先快后慢的。

可是，有人会对艾宾浩斯的遗忘曲线产生怀疑。这是因为艾宾浩斯在研究遗忘规律时，采用的记忆材料是无意义音节，通过这种实验总结出来的遗忘规律不见得适用于所有的记忆，例如如果换了其他记忆材料，艾宾浩斯所研究的遗忘规律还适用吗？

许多心理学家也对艾宾浩斯的遗忘规律产生了怀疑，并且根据这个疑问进行了多次实验。心理学家发现，虽然记忆的材料不同，得到的遗忘曲线也不同，但是总体来说，人们遗忘的进程都是先快后慢的。

艾宾浩斯绘制的遗忘曲线，说明了人们在学习过程中的遗忘是有规律的，遗忘的进程发展很快，并且先快后慢。通过遗忘曲线可以发现，在刚刚记忆之后的一天内，如果不抓紧时间复习，那么就只剩下了原来的 25%。而且所记忆的内容会随着时间的推移渐渐遗忘，但是这种遗忘的速度会逐渐减慢，也就是说遗忘的数量正在减少。

关于这一点，有人做过一个实验，实验人员首先让两组学生学习记忆一段课文，甲组学生在学习记忆后不进行复习，结果一天后有关课文的内容记忆率仅仅保持了36%，一周后只剩下了13%。而乙组学生按照艾宾浩斯的遗忘规律进行复习记忆，一天后他们的记忆率保持在98%，一周后的记忆率为86%。乙组学生的记忆率明显高于甲组学生。

因为遗忘的进程是先快后慢的，所以在学习了新的知识以后，要尽早安排复习，巩固所记忆的新知识，只有这样才能避免大规模遗忘，从而取得良好的记忆效果。

记忆实验是对人类记忆能力进行的科学研究实验，艾宾浩斯是研究人类记忆的第一人。在艾宾浩斯之前，冯特建立了世界上第一个心理学实验室，把心理学引入了一个全新的科学领域。但是冯特在研究中，却把记忆和思维等高级心理过程排斥在心理学实验之外。而艾宾浩斯并没有这样做，因此今天我们才看到了著名的艾宾浩斯遗忘曲线。

在艾宾浩斯的记忆实验中，除了无意义音节以外，还有有意义音节的记忆。而著名的艾宾浩斯遗忘曲线是针对无意义音节而言，除此之外，艾宾浩斯还根据有意义音节记忆实验绘制出了不同性质记忆材料的遗忘曲线图，尽管这些遗忘曲线图并不完全相同，但是所体现的遗忘规律大体上是一致的，即遗忘是先快后慢的。

艾宾浩斯在所有的记忆实验中发现了这样一个有趣的现象，被试为了记住12个无意义音节，平均需要重复16.5次；记住36个无意义章节，平均需要重复54次；而记住6首诗中的480个音节，则平均只需要重复88次。

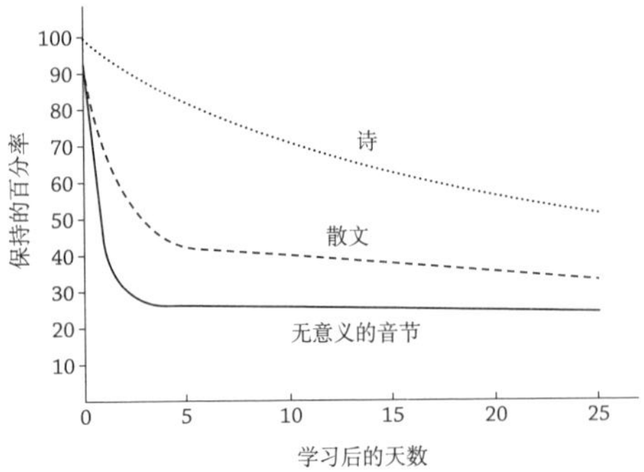

不同材料的遗忘曲线是不同的

这个实验发现告诉我们，凡是理解了的知识更容易记住，而且记住的速度会很快，记忆全面、牢固。如果是不理解的知识，记忆起来会十分困难，而且比较耗费精力，以后回忆也很困难。

记忆的关键是坚持

从艾宾浩斯遗忘曲线可以看出，要想记得牢，就要及时复习，避免大幅遗忘。因此，记忆的关键在于恒心和毅力，坚持复习。所以，在学习新知识的问题上，是没有捷径可走的。“书山有路勤为径，学海无涯苦作舟。”这句我们耳熟能详的话道出了学习的真谛。

诚实人的谎言

——认知失调实验

几乎每个人都相信自己是诚实的。但如果一个诚实的人说谎了该怎么办？自欺欺人，相信自己所说的事情，还是把责任推卸给别人？心理学家对这个问题产生了兴趣，于是有了认知失调的实验。

1934年，印度发生了一场大地震。地震过后，印度突然出现一种不可思议的谣言：大多数印度人都相信在地震灾区以外的地区将会有一次范围更广、震级更强的地震发生。这种谣言虽然没有什么科学依据，但是却有十分强大的生命力，在很短的时间内便在印度迅速传播开来。让许多人疑惑的是，既然谣言不可信，人们为什么还会选择成为谣言的传播者呢？而且，这个谣言还引起了大多数人的焦虑。

当时的心理学界中，行为主义流派的学习理论（操作性条件反射理论、强化理论等）比较盛行，而学习理论却无法解释在印度出现的这种社会心理现象。所以，针对印度的地震谣言现象人们很难做出合理的解释。终于有一天，有人提出了新的观点，谣言的出现并不是为了给人们增加焦虑，而是用来为焦虑做辩护的。也就是说，即便那些远离地震灾区的人们对地震也非常恐惧，但是他们身处地震灾区之外，本不应该害怕，因为地震距离他们很遥远，这种矛盾引起了其他地区人们的认知失调。为了调整这种认知失调，他们就开始散布谣言，以证明他们的恐惧是有原因的，也就是说他们的恐惧来源于未来可能发生的地震，从而降低因认知失调而引起的内心紧张和焦虑，使他们对自己和世界的看法与自身的行动相一致。

这种理论就是著名的认知失调理论。当你经历两种或多种相互间不协调的心理过程时，就会出现认知失调。而认知实际上就是一种心理过程，包括思想、观念、信仰以及态度，等等。一个人出现认知失调后，就会产生心理冲突，从而放弃或改变其中一个认知，迁就另一个认知，以恢复之前认知和谐的状态。提出认知失调理论的人是利昂·费斯廷格，他提出认知失调理论的灵感就来源于1934年印度大地震后谣言广泛传播的现象。

其实，在费斯廷格提出认知失调理论之前，早在20世纪50年代就已经有不少心理学家开始研究这种现象了。在实验研究中，研究者会要求被试发表演讲，而演讲所支持的观点与被试原有的观点正好相悖。实验之前，研究者认为被试在演讲过后应该还会坚持自己的观点。但是实验结果却正好相反，被试在演讲的过程中渐渐开始支持演讲中的观点，也就是说，被试在被强迫的情况下，一遍遍演讲与自己相反的观点，结果他就改变了原先的态度，开始赞同自己所演讲的内容。这种现象在费斯廷格看来就是认知失调后引起的不适感和紧张感造成的，而这种感觉会促使当事人作出某种改变，以减轻这种感觉带来的痛苦，从而使自己的行为或认知与外在环境达到一致的和谐状态，因为当无法改变外界环境又倍感压力时，除了改变自己的态度以外，别无选择。

当然，认知失调只是费斯廷格所提出的理论，当时的研究者并不这么认为，他们对这种现象的解释是，被试在内心反复练习演讲内容或是寻找与演讲有关的论据时，必须站在相反的立场上，所以便出现了迫使自己相信演讲中的观点与立场的结果。

研究者为了进一步研究这种现象，决定在下一项实验中加入金钱奖励的措施。在实验开始之前，研究者认为，被试所得到的金钱奖励越多，越容易接受与自己观点相悖的演讲内容。但是实验结果却让研究者大跌眼镜，事实与研究者的预想截然相反，当研究者给被试的金钱奖励越多时，被试的观点反而改变得越少。

对于这种现象，研究者一直没有给出一个合理的解释，直到几年后费斯廷格提出了认知失调理论。按照认知失调理论，在被试得到的金钱奖励较少的情况下，被试容易产生较大的认知失调，因为被试没有充足的理由为违背自己观点的演讲做辩护，所以被试就只好改变自己的观点了，从而促使演讲的观点与自己的观点或行为相互一致或达到一种和谐的状态。相反，当被试得到了较多金钱奖励的时候，就会告诉自己，他之所以演讲那些与自己观点相悖的内容，是为了得到金钱。此刻，被试的认知失调不至于达到需要改变观点的程度，也就是说获得金钱奖励是被试演讲的理由。

而费斯廷格的认知失调理论也是经过实验验证的，同他一起进行实验的还有助手詹姆斯·卡尔史密斯。

费斯廷格为了能让被试在实验中体会到那种认知失调的真正感受以及达到自己实验的目的，决定向被试隐瞒这次实验的真实目的，不然该实验就会以失败告终。费斯廷格决定在这次实验中让所有被试完成两项枯燥的任务，然后他会询问所有被试对实验任务的真实感受并且进行评定。最后，再对不同小组被试的真实感受是否存在差异进行比较并且得出相应的结果来证明认知失调理论。

费斯廷格在招聘被试的时候，首先在大学里发出通知，要求所有学习心理学导论课程的学生必须在一学期中以被试的身份参加三个小时的心理学实验。学生具体想要参加哪个实验，完全可以通过查阅布告栏进行选择，布告栏中贴着许多心理学教授和研究生正在进行的心理学实验，其中包括了费斯廷格的实验，他的实验叫做行为测量。最终，费斯廷格招聘了 71 名男生被试，而且还是正在学习心理学的低年级男生，被试需要按照规定时间到指定地点参加实验。

等所有的被试到达实验室后，费斯廷格首先把所有被试随机划分成三个小组。然后，费斯廷格会告诉所有被试："虽然这个实验需要花费一个多小时的时间，但是我希望你们能做好花费两个小时的心理准备。在实验结束后，一定还有一些剩余的时间，到时候你们需要接受访谈，谈一下自己的感受。在实验开始后，你们的面前会有一个装着 12 个线轴的托盘。你们需要从托盘中逐一拿出 12 个线轴放在桌子上，然后再逐一将这 12 个线轴放进托盘中，并且如此循环往复。这项简单的工作你们需要进行三十分钟。在完成这项工作之后，你们还需要完成另一项工作。到时候，我会给你们每个人一块钉有 48 个螺丝钉的木板。你们每个人的任务就是将木板上的每个螺丝钉按照逆时针和顺时针的不同方向分别旋转 90 度，如此循环往复 30 分钟。"

费斯廷格之所以设计两个这么枯燥乏味的工作，就是为了让所有被试产生一种一致的消极体验或感受。在这两项任务完成后，实验的重头戏才真正上演。

费斯廷格会按照之前所划分的小组，把每个小组分别安排在三种不同的实验环境中。其中一组是作为控制组而存在的，所以在完成上述两项工作后，他们直接接受访谈，表达自己对刚刚完成的两项任务的感受。剩下的两组则需要继续进行下一个环节的实验。

两组被试被分别安排在不同的房间内，实验人员会对第一组被试说："我们的实验出现了一点小疏忽。你们这一组的被试在参加实验之前不会得到与实验相关的任何信息。但是，在你们之后还有一组被试需要参加这次的实验。这组被试在参加实验之前，我们会安排人告诉他们，这次的实验十分有趣。但是，负责解释的人因为生病没有来，我们的人手不够了，需要你们的帮助。你们需要向前来参加实验的被试说：'这次实验任务十分有趣，很好玩，我十分喜欢。'"事实上，那个所谓的下一组被试根本就是实验人员假扮的，也就是说这是一个被刻意设计的实验环节。当然，实验人员为了让这两组被试留下来"帮忙"，还对他们说："如果你们能留下来帮助我们，我们将会给予你们一定的报酬。"实验人员承诺给第一组被试 1 美元（在 1959 年，身为学生做这么一点儿小事就可以获得 1 美元的报酬，也是不错的）；实验人员承诺给第二组被试 20 美元的报酬，这可以说是一笔"巨款"了，非常有诱惑力。也就是说，第一组被试撒谎可以得到 1 美元的报酬，第二组被试撒谎可以得到 20 美元的报酬。

然后，实验人员会带着被试来到一个房间内，让被试与"新来的被试"单独呆上两分钟的时间。在两分钟后，被试会被实验人员带到访谈室内接受调查，让被试谈谈对这次实验中所执行的两个任务的真实感受与看法。这个访谈的环节与之前对控制组所进行的访谈完全一样。当然，实验人员还会对被试所提供的帮助表示感谢。

这一切听起来似乎挺容易的，而且还可以赚到一点儿钱。但事实并非如此，作为被试，你会被实验人员介绍给下一位被试，而这名被试将要去做你刚刚完成的任务。按照实验人员的要求，你需要违心地告诉这个人，实验任务十分有趣，这会让这个人对实验任务产生很高的期望，从而可以想象在真正执行实验任务时他会产生多么大的失望。而这一切都是你的谎言造成的，这个时候你会有强烈的后悔或内疚的情绪。就在这个时候，实验人员出现了，他不仅再一次对你表示感谢，同时还告诉你说，许多人都觉得实验任务十分有趣，希望你也这么看。这一切都在动摇着你对实验任务的真实看法，你会产生不适，因为认知失调已经开始。

因为实验过程中的某些疏忽，从而使 11 名被试的材料出现错误，而没有进入最后的环节中。所以，每组的被试最终是各 20 名。被试被引导进入采访室内，在这里被试需要回答的第一个问题是："这两项实验任务让你觉得有趣而且令人感到愉快吗？"这个时候，第一组的被试往往会停顿一下，并且开始思考。第一组的被试觉得这两项实验任务看起来似乎没有刚才那么无聊了。有的被试甚至认为，线轴与螺丝钉的重复运动中似乎蕴含了一种对称美。而且，这两项实验任务是为心理学做贡献，是一种有价值的劳动。这个时候，第一组的被试都给予了实验任务比较有趣的评价。

除了这个问题之外，被试们还需要回答两个问题。其中一个问题是："你觉得自己所完成的实验任务是在测量某种重要的东西吗？"另一个问题是："你是否还愿意参加一个类似的实验任务？"

统计结果显示，第一组被试比第二组被试以及控制组更喜欢这两项实验任务。对于这种现象，费斯廷格的解释是，当人们从事某种与自身态度不相符的行为时，如果他们有这样做的理由，例如获得 20 美元的报酬，那么他们所体验的认知失调就比较弱，从而不会出现改变观点的强烈动机。而对于获得较少报酬的被试来说，1 美元的报酬不足以成为他们撒谎的理由，所以会出现认知失调所引起的不适感，于是他们之后为调整这种认知失调的状态而改变自己的观点。

对于第一组被试来说，一开始他们也认为实验任务十分无聊而且枯燥。但是后来，实验人员付钱给他们，让他们告诉另外一个人实验任务很有趣。如果被试是一个不会随便撒谎的人，那么他就需要解决一个矛盾，这种矛盾就是作为一个诚实的人的真实看法与对下一个被试撒谎的行为之间的矛盾。而他们所得到的 1 美元的报酬又很难安抚自己因为撒谎而产生的内疚感，他们的心里或许会想："能得到 1 美元确实挺不错，但是似乎不是那么有分量。”

对于第二组被试来说，就没有必要经历这些心理矛盾了，因为他们所获得的报酬足够多。他们的心里或许会想：“我为了得到 20 美元而撒谎，20 美元对于像我这样的学生来说不算少，足以为我所说的无伤大雅的谎言买单了。”这个时候，无论实验人员告诉被试什么，他都不会改变自己最初对实验任务的看法——无聊。

在实验结束后，因为所有被试都是同一所学校的，所以被试们开始和同样参加了实验的朋友聊天。这个时候，一个重要的区别出现了。按理说，第一组被试与第二组被试的经历是完全一样的。但是，他们在探讨有关线轴与螺丝钉的任务时，却出现了不同的观点。其中一个人（第二组的被试）说：“哦，那两个任务真是无聊透顶，我给了最低的评价。”但是，他却遭到了同伴（第一组的被试）的反驳：“不，其实没有那么糟糕。你可以仔细回想一下，那两项任务还是挺有意思的。”结果，对方就露出了不可思议的表情。

一种新的理论的提出总会受到多方面的质疑。有许多研究者会在费斯廷格研究的基础上进行各种研究，来检验费斯廷格所得出的认知失调理论。

在一项实验中，研究者就用儿童游戏的行为进一步证明了费斯廷格的认知失调理论。研究者会先给儿童提供一些玩具，其中有一种玩具是不允许儿童玩耍的，否则就需要接受严厉或轻微的惩罚。然后，再检验儿童对玩具的喜爱程度。实验结果发现，那些受到严厉惩罚的儿童并未改变自己对玩具的喜爱程度；但是，那些接受了轻微惩罚的儿童却改变了自己对玩具的态度。这个实验结果说明，严厉的惩罚成了儿童解释自己行为的依据，但是受到轻微惩罚的儿童却没有这样的依据，所以只好改变自己对玩具的态度。

有的人还在费斯廷格研究的基础上研究了人们在做决策后所出现的认知失调。在实验之前，实验人员提出了一种假设，当一个人面对相似的选择时，很容易出现难以取舍的感觉，从而会引起认知失调；但是如果面对完全不同的选择，那么就很少会出现认知失调的现象。

在实验中，实验人员会让女性被试观看八种东西，例如闹钟、收音机、热水瓶等。然后，请被试写出自己对每件东西的喜爱程度。接下来，实验人员会从这八种东西中拿出两样东西让被试看，并且告诉被试："你可以拿走其中一件作为赠品。"

不同小组的被试所看到的两样东西是不一样的，其中第一组被试所看到的两样东西比较相近；但是第二组被试所看到的两样东西相差甚远。等所有被试都选择完毕后，实验人员会让大家重新写出自己对每件东西的喜爱程度。

实验结果发现，第一组被试由于出现了较高程度的认知失调，所以对物品的喜爱程度发生了较大的变化。通常，第一组的被试对自己所选的物品给予了较高的评价，而对于二选一中被迫放弃的物品给予较低的评价。事实上，在实验前期，被试对两样物品的喜爱程度十分相似。而第二组的被试由于很少出现认知失调或是出现了较低的认知失调现象，所以对物品的喜爱程度并没有发生什么变化。第一组被试这么做的原因，是为了避免决策后的认知失调。

利昂·费斯廷格（Leon Festinger，1919 ~ 1989），美国著名社会心理学家。1919 年 5 月 8 日，费斯廷格出生在美国纽约布鲁克林的一个犹太裔移民家庭。费斯廷格的父亲亚历克斯·费斯廷格是一名刺绣制造商。

费斯廷格在 1939 年获得了纽约市立大学心理学学士学位，后来前往艾奥瓦大学攻读心理学研究生，并在 1940 年获得了艾奥瓦大学的硕士学位。后来，费斯廷格继续深造，于 1942 年获得了艾奥瓦大学心理学哲学博士学位。此外，他还成了艾奥瓦大学的副研究员。后来，费斯廷格相继到罗切斯特大学、麻省理工学院、密歇根大学、明尼苏达大学、斯坦福大学任教。

费斯廷格主要研究人的期望、抱负和决策方面的心理现象，并且用实验的方式研究了偏见、社会影响等社会心理学问题。其中，费斯廷格所提出的认知失调理论在心理学领域产生了很大的影响，他于 1959 年获得了美国心理学会所颁发的杰出科学贡献奖，于 1972 年当选为美国国家科学院院士。费斯廷格在艾奥瓦大学学习期间，曾在 K. 勒温的指导下从事研究工作，并且跟随勒温进行了关于欲求水准的研究，还提出了相应的理论，即社会比较理论，促进了团体动力学的发展。尽管费斯廷格的主要贡献在社会心理学方面，但他还是在 1968 年离开了社会心理学领域，开始专注于对知觉问题的生理心理学研究。

用认知失调改变他人的态度

认知失调理论在说明一些社会心理现象的同时，也告诉我们强化与心理行为改变之间的关系。心理学界的行为主义流派认为，强化对一个人的心理行为改变起着重要作用，强化就是改造现代社会的理论武器。但是，费斯廷格所提出的认知失调理论打破了强化理论的神话。强化的确可以改变一个人的行为，但是这只是暂时的强迫服从，如果外界的强化消失，行为就会恢复。所以想要改变一个人的行为，还必须使他的态度发生改变，引起认知失调可以使一个人的观点或态度发生改变。

心理学家曾在军队中做过一个实验，让那些表现差、经常开小差、不服从纪律的士兵给家人写信，描述自己在部队的表现，例如刻苦训练、服从命令、得到嘉奖等。结果，一段时间之后，这些士兵的表现有了很大的改观，正在成为他们描述的样子。之所以发生这种转变，就是因为士兵们所写的信让自己产生了认知失调，为了摆脱这种矛盾的状态，恢复认知的一致性，他们发生了改变。这就是认知失调理论的妙用。

无知者无畏

——达克效应研究

一个愚蠢的人，往往不知道自己愚蠢，因为他愚蠢到无法意识到这一点。同理，缺乏幽默感的人并不觉得自己缺乏幽默感，情商低的人也不会知道自己情商低。无知的人、愚蠢的人、缺乏幽默感的人或者情商低的人，不仅意识不到自己的欠缺，还认为自己在这些方面的能力高于平均水平。

除了瑞典的诺贝尔奖，还有一个搞笑诺贝尔奖，是对诺贝尔奖的模仿。搞笑诺贝尔奖（the Ig Nobel Prizes）的名词来自 Ignoble（不名誉的）和 Nobel Prize（诺贝尔奖）的结合，主办方是美国的科学幽默杂志（Annals of Improbable Research，AIR）。搞笑诺贝尔奖设立的目的是选出那些乍看之下很有趣，实际上发人深省的研究，评委中也有真正的诺贝尔奖得主。

2000 年，搞笑诺贝尔奖心理学奖颁给了来自康奈尔大学的心理学家大卫・杜宁和贾斯汀・克鲁格。他们于 1999 年 12 月合作完成了一篇论文《无能与无知：对自身无能的认知困难如何导致无端自负》，发表在《人格与社会心理学杂志》上。在这篇文章中，杜宁和克鲁格耐心地阐述了“越差越骄傲，越强越谦虚”的道理。

杜宁和克鲁格做了一系列的调查。他们让被试给自己的能力打分，其中包括逻辑推理、情商、对艾滋病的了解等题目。结果发现，那些能力在 10 分到 15 分的人，给自己打的分往往是 55 分到 60 分；而那些原本对这些领域非常了解的人和那些对这些领域完全不了解的人，即能力在 10 分到 15 分的人打分差不多。也就是说，真正懂得的人很谦虚，而那些完全不懂的人自我评价过高，超过了他们的实际情况。

杜宁认为，这不仅仅因为被试天生乐观，而且因为他们缺乏判断自己实际情况的能力。后来，人们将这种现象称为杜宁–克鲁格效应，又称为达克效应。对于某些事不太懂的人，往往意识不到自己不懂，他们并非不愿意面对，而是根本没有这个能力。

其实，杜宁、克鲁格的研究在生活中已经有证实。俗话说的“无知者无畏”“初生牛犊不怕虎”，其实指的都是杜宁－克鲁格效应。达尔文说：“自信更经常来自无知而不见得是来自有知。”罗素也曾说过：“我们这个时代让人困扰的事之一是：那些对事情确信无疑的人其实很蠢，而那些富有想象力和理解力的人却总是怀疑和优柔寡断。”他们阐述的是和杜宁－克鲁格效应一样的道理。

做人力资源管理的人或许会有这样的感触。在年度考核时，优秀的、努力的员工给自己的业绩评分往往低于其他的普通员工，那些平时就表现普通的员工却会给自己打一个漂亮的分数。自身水平影响自我评价，并不是懂得越多、知道越多的人，自我评价越高，相反，那些能力不强的人，无法认知他人和自身真正能力的人，才会选择高估自己的能力水平。如果通过训练，提高能力水平，他们就会认知到，自己之前无知到什么程度。

和杜宁－克鲁格效应类似，还有一个瓦伯格湖效应。瓦伯格湖的名字来自一部广播小说中的小镇——瓦伯格湖镇。在那个小镇里，所有女人都很强壮，所有男人都很好看，所有孩子都是中等水平以上。因此，人们用瓦伯格湖效应来形容人们看不清真实的自己、高估自己能力的现象。

在所有交通事故中，没有肇事司机承认自己是“马路杀手”，相反，每个司机都认为自己开车技术不错。也许，这些车技不错的司机上车后都会乖乖系好安全带，不会在行驶途中涂指甲油，也不会一边开车一边看 DVD，然而，仅仅做到这些还不够。行车时打一个电话，或者将视线局限在前车保险杠的位置，或者将手放在方向盘 8 点方向，这些细节上的错误和醉酒驾车没什么区别。奇怪的是，有的司机即使被指出了错误，依然认定“我的驾驶技术真的不错”。这也是瓦伯格湖效应的顽固之处。

在国外经常可以看到，竞选官员、竞选参议员、竞选总统的人往往不是科学家，而是巧舌如簧的律师。科学家说话比较客观，留有余地，因此，他们不能向民众保证“一定让每个人享受到平等的医疗”“一定解决金融风暴后的失业问题”；相比之下，那些从来没有自我怀疑，认知不到自己错误的职业政客则显得信心满满，自信爆棚。古斯塔夫·勒庞曾说："往往是极端性人格障碍的人才能成为领导。"

认识你自己

聪明人会认识到，每个人，包括自己在内，都不可避免地会犯错误。他们明白，即使自己很有学问、很有头脑，依然有自己不知道的信息，有自己想不到的情况。因此，他们在做决定时，会聆听别人的想法，用开放的思维看待世界和自己。

作为古希腊的大哲学家，苏格拉底是第一个承认自己无知的人。他拜访过雅典的诗人、政客、贵族，结果发现，这些人和自己一样无知。可悲的是，那些人没有苏格拉底的自知之明，他们并没有意识到自己的无知。

人们常说："不怕神一般的对手，就怕猪一般的队友。"在团队合作中，这句话尤其令人有所感悟。大部分情况下，人们喜欢将失败的原因归结于猪队友身上。可是，为什么你就是神，队友就是猪呢？实际上，这也受到杜宁－克鲁格效应的影响。有的人以为自己头脑聪明，反应又快，掌握了全部信息和工作流程，其实是高估了自己。实际情况是，可能自认为是"神"的家伙和"猪一样的队友"的区别不大。

第一眼印象深刻

——印刻效应研究

在人际交往中，陌生人给我们的第一眼印象非常深刻。而在动物世界里，出生之后第一眼看到的东西就不仅仅是印象深刻这么简单了。

在动画片《猫和老鼠》中有一集名叫《我的好妈咪》，故事讲的是一只小鸭子出生时第一眼看到的是汤姆，于是，它时时刻刻跟着汤姆，即使汤姆几次三番想要吃掉它，它却依然认定汤姆是亲爱的妈咪。小时候看这个片段，只觉得汤姆和杰瑞的斗法很好笑，后来才知道，原来那是某种特殊的心理现象。

野鸭、鹅和鸭子等动物的幼崽孵化后，绒毛一风干就能自由行走，而且，它们会追随自己的母亲，以此作为保卫自己生存安全的方式。过去，人们一直认为，雏鸟一生下来就追逐母亲是动物的本能——根据巴甫洛夫的条件反射学说，这是动物的本能反应，即来自遗传的无条件反射。小鹅跟在母亲身后，会得到保护和照顾，于是，每一只小鹅都遗传了跟随母亲的本领。后来证明，这是一种特殊的心理法则——印刻效应。

刚出生的雏鸟会追逐任何移动的东西，不管那是什么，它们都会跟着跑。如果它们第一眼看到的是人，就会跟着人跑；看到的是玩具动物，它们也会拼命朝着玩具动物跑去。雏鸟之所以追逐自己的母亲，是因为在自然状态下，它们出生后第一眼看到的就是自己的母亲。

印刻效应最早是由德国行为学家海因罗特在实验中发现的。他观察到，刚刚破壳的小鹅本能地跟在第一眼见到的母亲后面。如果它第一眼看到的不是鹅妈妈，而是其他动物，比如狗、猫、玩具鹅，它也会自动跟在后面。关键是，如果这只小鹅开始跟着某一物体，就不再对其他物体产生反应了，即小鹅只认第一眼看到的物体，第二、第三、第四对它来说都没有“吸引力”了。

1937年，奥地利动物行为学家康拉德·劳伦兹发表了论文《鸟类的感情世界》，第一次提到“印刻”这个词，劳伦兹用它来解释动物的社会行为及其形成的关键期。劳伦兹是第一个获得诺贝尔奖的心理学家，他于1973年凭借在动物行为方面的研究获得了诺贝尔生理医学奖。劳伦兹从小就喜欢小动物，进入大学后他开始潜心研究医学和生物学，之后，劳伦兹走出实验室，开始了和鸟兽鱼虫亲密对话的研究生涯。在《雁语者》一书中，劳伦兹描绘了雁鹅的生活史。劳伦兹发现，雁鹅的社会性非常强，它们的求偶、打斗、养育儿女、表达喜怒哀乐，看起来都非常令人感动。

劳伦兹对印刻效应的发现来自一次实验。1935年，劳伦兹用鹅做了一个实验。鹅妈妈在孵蛋，到了小鹅出生的时刻，鹅蛋开始破裂，这时，劳伦兹将鹅妈妈抱开，当小鹅从蛋壳里钻出来时，劳伦兹出现在小鹅的身边。之后，这群小鹅将劳伦兹当做了妈妈，排成队跟在他身后。尽管鹅妈妈在一旁大声地呼唤，它们也不理会。小鹅们一路跟着劳伦兹，不管他走到哪里。劳伦兹走上土坡，小鹅们犹豫着停下脚步，劳伦兹挥动下手臂，小鹅们就冲上了土坡，奔向劳伦兹。

劳伦兹发现，在小鹅出生后的20个小时之内，它们才会有印刻效应。如果在20小时之内，不让小鹅亲近鹅妈妈，也不让它亲近任何活动的物体，过了1～2天，不管是鹅妈妈还是劳伦兹，小鹅都不会亲近，也不会跟随。

后来，美国心理学家埃克哈德·赫斯制作了一只能移动，还能呱呱叫的假鸭，将它放在小鸭的周围。小鸭刚孵化时，有一半的小鸭子会跟着假鸭，孵化后13～16小时，80%的小鸭跟着假鸭。赫斯的实验证明，印刻效应并不是出于本能那样简单。小鸭的神经系统能够对移动的物体做出反应，但是必须在某一个特定的时间点，它们才会将目标印刻进自己的大脑。

作为一种生存的本能，不同动物的印刻时期都是不同的。人的印刻期最长，为1～3年的时间；狗的印刻期为3～7周；猫的印刻期为10～15天；小鹅的印刻期为10～20小时；小鸡的印刻期为10～16小时；老鼠则在7～10天之内。如果小老鼠在形成印刻之前被人类饲养，它们就会非常顺从人类。小猫在印刻期之前和老鼠一起生活，成年之后，即使肚子很饿，猫也不会吃掉老鼠。如果小羊出生后的10天里和人生活在一起，它将终生无法进入羊群。

人类利用印刻效应最成功的例子便是将狼驯养成狗。5000年前，人类将带有野性的狼崽带回家里，它从一出生就将人类印刻为母亲，随着时间的流逝，狼变成了狗。在动物园里，印刻效应常被用来使动物互相哺乳。如果母老虎生下小老虎后没有奶水，动物园饲养员会将小老虎放在狗妈妈身边。结果，小老虎将狗妈妈当成了自己的妈妈，将其他小狗当成了兄弟姐妹。等小老虎长成大老虎，它也不会因为自己体型庞大而欺负狗兄弟，并且依然对狗妈妈温顺、友好。

印刻效应同样适用于婴儿。20世纪70年代，发展心理学家认为，婴儿出生后的几个小时里，不应该马上抱到育婴室清洗，而应该让母亲抱着婴儿，紧紧地贴着他，这样才不会错过母子联结关系形成的关键点。实验证明，婴儿出生后第一时间得到母亲的拥抱，的确会使母子之间的联结更为牢固，但起作用的并不是婴儿，而是母亲。婴儿对母亲或父亲的“印刻”是在4～5个月期间发育成的，其中包含父母对婴儿的看护和情感表现。人类的联结要比动物复杂得多。

婴儿的发展有不同的关键期，1～3岁是语言发展的关键期，2岁之前是训练身体灵活性的关键期，3岁是培养动手能力的关键期，3～5岁是开发音乐能力的关键期。这些关键期是不可逆的，一旦错过，终生都无法弥补。

1980年，法国心理学家伊塔抚养了一个“阿韦龙野孩”。这个男孩是在法国南部的阿韦龙森林中发现的，由于好几年没有和人接触，男孩像动物一样奔跑、嚎叫。在伊塔的精心照料下，男孩能够像人一样吃饭、走路，但是始终不能开口说话、与人进行社会交往。很显然，阿韦龙野孩错过了语言发展的关键期，即使有专门的心理学家教他，他也不可能恢复语言能力了。

后来，有人研究了电视机对婴儿的影响。婴儿出生一个半月后，耳朵能听到声音，眼睛也能看见东西。这时候如果给婴儿看电视的话，婴儿的头脑里就会产生电视的印迹，反而对母亲的声音没有反应。如果从出生到两岁左右这段时间里，每天给他看五六个小时的电视，婴儿会形成不能注视母亲的视线、不知道什么是危险的事情、活动剧烈无法安静、不会说话等倾向。

婴儿之所以会这样，是由于在他看电视时只是单方面接受电视语言，没有交流、互动的机会，这样会使他的语言功能发育迟缓，对于出现这种倾向的孩子，即无法交流、对母亲的呼叫没有反应的孩子，需要母亲反复呼叫，或者用录音机录下母亲呼叫婴儿的声音，反复播放给他听，渐渐地，受到印刻效应影响的婴儿才会回应母亲的呼唤。

只有第一，没有第二

对于成年人来说，人们总是会对最初接受的讯息印象深刻，就像一种先入为主的惯性在大脑中运作。我们总是很容易记住第一名，如世界第一高峰、中国第一大河流、第一个登上月球的人，紧随其后的第二名则没有人记得住。第一次的生活经历总是让人难以忘怀，比如第一任老师、第一本书、第一次约会、初吻、第一次拿到冠军。人们好像对“第一”情有独钟，任何第二的事物都无法引起人们的兴趣。世界也形成了只有第一名才有发言权的游戏规则，每个人都在朝着第一努力奋斗。

完全没感觉

——感觉剥夺实验

我们的感觉器官时时刻刻都在接受各种各样的刺激，对此，我们已经习以为常。如果有一天，这些刺激都消失了，什么感觉都没有了，那又会是一种什么样的感觉呢？

1954年，在加拿大一所大学的实验室里进行了一次感觉剥夺实验。参加实验的都是一些自愿报名的大学生，他们可以获得20美元的报酬，这在当时是一笔不小的数目，被试都十分积极。组织这次实验的人是贝克斯顿、赫伦、科斯特。

被试所要做的就是24小时都躺在一个有光的屋子的床上，也可以躺更长的时间，如果被试能够坚持下来的话，贝克斯顿三人会付给被试相应的报酬。当然，被试在此期间是可以解决个人生理问题的，例如吃饭和上厕所等。

贝克斯顿三人想尽办法严格控制被试与外界的感觉接触，例如视觉方面，会给被试戴上半透明的眼罩，被试可以感觉到有光，但是不会看见任何图形；触觉方面，会给被试戴上纸板做的套袖和棉手套，限制他们与外界进行触觉接触；听觉方面，会给被试提供U形泡沫橡胶枕头，同时利用空气调节器单调的嗡嗡声限制被试听到外界的声音。也就是说，被试所有的外在感受都被人为地阻断了。

被试在参加实验前，认为自己捡到了一个大便宜，可以利用这个空闲时间好好睡一觉，或是考虑一下论文和课程计划。但是参加过实验后，被试才意识到这些想法根本是天方夜谭。被试表示，他们不能对任何事物进行清晰的思考，并且根本无法控制自己的注意力，哪怕是短暂地集中注意力也很难做到。被试发现，他们很难控制自己的思维，思维总会不受控制地“跳来跳去”，无法进行正常的思考。

此外，贝克斯顿三人还从感觉剥夺实验中发现了一个意想不到的实验结果，那就是接受感觉剥夺实验的被试中有50%的人出现了幻觉。其中，大部分被试的幻觉是视觉幻觉，有一小部分被试的幻觉是听觉幻觉和触觉幻觉。这些幻觉都是一些简单的幻觉体验，例如看见光的闪烁，但是这道光并没有具体的形状，而且常常出现在视野的边缘地带等。听觉幻觉则包括狗吠声、警钟声、打字声、警笛声、滴水声等。触觉幻觉常常是感觉到冰冷的钢块压在额头或脸颊处，感觉有人把自己身下的床垫给抽走了等。

被试在参加感觉剥夺实验的几个小时后，会出现恐慌的现象，三四天以后，许多被试会出现心理问题，例如错觉和幻觉，注意力涣散、思维迟钝，紧张、焦虑和恐惧等。

在感觉剥夺实验停止后，这种影响在被试身上依然会持续。对于那些简单的思考或中等难度的作业，例如记忆词汇和数字、移动单词中的字母问题，感觉剥夺实验并没有对被试产生影响；但是对于那些复杂的问题，例如单词联想测验和考察被试推理能力的创造性测验等，感觉剥夺实验会对被试产生负面影响。被试的成绩明显不如没有参加感觉剥夺实验的学生。这说明，感觉剥夺实验会影响人们有关复杂性的思考和认知。

感觉剥夺实验对被试的负面影响在实验结束的数天后会消失，被试的认知和思维恢复正常。尽管如此，这种以人为实验对象的感觉剥夺实验还是受到了人道主义者的谴责，并且受到禁止。

贝克斯顿等人所进行的感觉剥夺实验是由加拿大国防研究委员会出资赞助的，实验的代号为“X-38”。这个实验研究项目的主要负责人并不是贝克斯顿，而是蒙特利尔神经科学研究所的赫布教授。

实验的主要目的是研究“洗脑”，感觉剥夺实验不过是整个实验的一半而已。在贝克斯顿所发表的实验论文中也只报告了实验的一半，而另一半与洗脑关系密切的实验并没有公开发表论文。

在另一半的洗脑实验中，实验者特意准备一些枯燥的录音材料，录音的内容主要是宣扬超自然现象的存在。在实验中，被试有主动选择权，可以选择听，也可以不听。但是大部分被试都选择听，虽然录音材料枯燥，可是在被剥夺感觉的状态下，这是难得的外界刺激。

被试在参加实验之前都不承认超自然现象的存在，但是经过实验的洗脑之后，他们不仅改变了观点，甚至还会在实验结束后专门去图书馆查找有关超自然现象的资料。这个结果充分证明了实验的成功，因为通过感觉剥夺的方式的确可以促进“新信仰”的植入。

如果把人的思维和人格比喻成一座大厦，那么“感觉刺激”则是这座大厦的基石。一个人在形成独立人格的过程，会通过各种感觉器官来接收外界的刺激，收集信息为己所用。但是这种独立的人格是脆弱的，只要把视觉、听觉和触觉这三种感觉进行人为剥夺，那么所谓的独立人格会在短短几天内崩溃，在混沌之中迷失自我。

2008 年，英国一名心理治疗师伊恩·罗宾斯重新进行一项有关感觉剥夺的实验，并且把整个实验过程拍摄下来，制作成一部纪录片，叫做《完全隔绝》，在英国 BBC 播放。

这次实验中，一共有 6 名被试，每个人都独自一人呆在一个小房间内，房间一片漆黑，什么也看不见，除了一张床和被褥之外什么也没有，实验人员尽量保证不让被试接触任何感觉刺激，所有被试都处于感觉被剥夺的状态。实验一共需要进行 48 小时。在实验结束后，实验人员会对被试进行访谈。所有被试均表示，他们感觉十分不舒服、不自在，并且非常恐惧，脑海中不受控制地出现许许多多奇怪的幻觉。此外，实验人员还对被试进行了一系列测试，测试的结果显示，所有被试的心理功能都受到了不同程度的损害，有的被试甚至无法完成一些简单的任务。

感觉剥夺有助于提高自制力

感觉剥夺是指将被试与外界刺激高度隔绝的状态，在这种特殊状态中，被试的感觉器官接收不到任何来自外界的刺激，经过一段时间后，实验人员会产生这样或那样的病理心理现象。也就是说，大脑的发育和人的成长是建立在与外界广泛接触之上的，如果一个人无法与外界保持接触，那么很有可能会出现心理问题。

感觉剥夺实验证明：感觉剥夺会对人产生不利的影响，但是有的人却认为感觉剥夺有时候能减轻一个人的压力，帮助人们更积极地面对生活。

居德菲尔德曾经对吸烟者和肥胖者进行感觉剥夺实验。在实验中，吸烟者需要在一个安静的黑屋子中躺上 24 小时，同时听着有关吸烟危害健康的录音。在实验后的一周内，吸烟者没有出现吸烟的现象。一年后，大部分人会戒烟。这项实验说明，对一些感觉输入进行有限制的剥夺，可以帮助他们改变不良的生活习惯。

真能未卜先知吗

——预知实验

预测未来在现实生活中十分常见，例如各种古老的算命术，还有有关世界末日的预言——玛雅人关于人类在 2012 年灭绝的预言，等等。这些预测，有些会变为现实，有些则不会。但是不管如何，都会给现实生活中的人们带来一定的心理冲击。在大多数人的心中，预测未来十分神秘，具有强大的吸引力，而那些具有预测未来能力的人也是人们津津乐道的对象。

关于预测未来这个问题，在许多科学家眼中都是无意义的。在科学家看来，一切理论假设想要成立，必须通过科学的严密推理以及用具有规律性的数据说话。人们通常把预知的能力称之为“第六感”，认为这是一种没有任何事实根据，但却可以预见未来的能力，是超自然力的一种。对于第六感的说法，大多数科学家嗤之以鼻，因为并没有相关研究显示第六感是科学的。美国著名心理学家达里尔·贝姆用实验打破了这些成见，证实了预知能力的存在。

在一项实验中，贝姆首先让被试尽可能多地记下一些单词，然后要求被试不断地在脑海中进行回想。过一会儿后，贝姆会给被试每个人一张纸，并要求他们拼出纸上随机写出的一系列单词。这张纸上的单词是被试之前记下的一些单词，但是经过了贝姆的随机挑选，而且每个被试所得到的单词都不一样。实验结果是，被试对之后即将拼写的单词更容易记住，也就是他们此前脑海中回想的单词。也就是说，被试在被要求拼写纸上的单词之前脑海中就已经出现了这个单词。对这个实验结果，贝姆是这样解释的：“未来事件影响了人们的记忆能力。”

在这次实验中，贝姆所使用的方式非常直接，利用了已有的心理学实验模型，首先让被试记忆单词，然后随机挑选单词让被试回忆与拼写，将顺序逆转，从而产生交换因果的现象，利用记忆基础帮助被试唤醒预知的能力。

为了进一步证明自己的理论，贝姆决定采用一个更直接的实验方式来测试被试的预知能力，主要测试被试的超感觉知觉能力。在实验开始之前，贝姆会告诉被试：

“在这次实验中，有一个道具是清晰的色情图片，如果有人接受不了，可以选择提前退出。”实验证实开始后，贝姆首先请被试们观看电脑上的一张图片，这是一张有着两扇窗帘图案的图片。其中一扇窗帘后面隐藏着一张色情图片，另一扇窗帘后则是白墙。

至于色情图片究竟会隐藏在哪扇窗帘后面，则是由电脑随机分配的。也就是说，学生要先作出选择，然后电脑才会随机分配图片。被试的任务就是凭直觉挑选出藏有色情图片的窗帘。这个测试一共进行了 36 次。

实验结果让人吃惊，被试选择正确的几率更高。要知道，这次实验不是考验人的眼力，纯粹是运气。如果从概率的角度来看，被试猜对隐藏色情图片窗帘的概率应该是 50%，但是被试猜对的几率却是 53.1%。贝姆认为，这个实验结果完全可以说明，人是具有操控未来的“超能力”的。

除了这两项实验外，贝姆还设计了七个不同的实验，一共有一千多名被试参加。在总共实施的九个实验中，有八个实验都得到了类似以上两项实验的结果，即人具有预知未来的能力。贝姆认为，这些实验结果不仅仅是巧合。

后来，贝姆把自己的实验研究写成了论文——《感知未来：对认知及情感的反常可回溯影响的实验证据》。通常情况下，科学论文不会谈及有关超心理的现象，因为在大多数人的心中，超心理现象是无法给出科学的解释，是一种反常的现象。

贝姆的这篇论文发表在一份严肃的学术杂志上——《人格与社会心理学杂志》。在这篇论文中，贝姆罗列了大量的实验数据用来证明超心理现象。尽管如此，贝姆的观点依然遭到了大多数同行的批评。他们认为，贝姆的这篇论文实在荒唐，甚至可笑。例如《新科学家》杂志就发表文章表示，如果其他科学家能够重复贝姆所做的实验，并且得出和贝姆一样的结果，那么就可以证明贝姆的结论是正确的。

尽管有许多质疑的声音，但是贝姆的论文所作出的贡献依然是不可磨灭的。首先，贝姆的论文中提供了许多实验数据，尤其是实验数据的精准性。其次，这是一篇首次提供调查反常心理学现象的可重复实验方案的论文。因为贝姆所采用的实验方式是众所周知的，而且在实验的过程中也避免了实验人员对被试的影响。

除了贝姆之外，许多科学家对超心理现象也十分感兴趣，并且着手进行调查与研究。一项统计结果显示，每个人都可以在一天之内预测上千个小事件的发生。例如坐公交时预感到公交快到站了；预感到今天有朋友拜访；预感到会打碎杯子等，这些现象在我们的生活中十分常见。

有些科学家认为，人类的大脑之所以会产生令人惊讶的预测能力，与多巴胺系统是分不开的。关于这一点，位于圣路易斯的华盛顿大学的教授们做过专门的研究。在正式开始实验研究之前，教授们首先提出了一种理论假设，即认为当一些事件突然发生的时候，我们中脑多巴胺系统会向大脑的休息区域发出某种信号，并被我们感知到。也就是说，这种微小的预知能力与我们大脑中形成的某种物质密切相关。

为了证明这一理论假设，研究者决定采用磁共振成像的技术，从而观察中脑多巴胺系统在面临即将发生的事件时所作出的预知反应。

在实验的过程中，研究者会让被试观看一段视频，视频的内容是日常生活中的一些小事件，比如做饭、洗碗等。在视频播放了一会儿之后，研究者会中断播放，并且让被试预测接下来可能会发生的事情。研究者会要求被试立刻说出答案，不可以思考，靠直觉来回答。这个过程只会持续五秒钟，然后继续播放视频。

研究者会采用两种中断视频的方式。第一种是将视频中断在一件事情即将发生的时候；第二种是将视频中断在某件事情的发生过程中。不同的中断方式会影响被试预知结果的准确性，统计显示，在第一种方式中，被试预知的正确率为 80%；而在第二种方式中，被试预知的正确率为 90%。对于这个结果，研究者解释为，预测一件即将发生的事情对人们来说比较困难。而且在实验的过程中，被试能感觉到自己正在预测未来，所以当他们出现预测错误时，会影响他们接下来预测能力的发挥，因为他们已经在自己的潜意识里给予自己这样的暗示："我真的不知道接下来要发生什么。"

研究者通过观察磁共振成像发现，被试在预测事件的时候，中脑区域的活动明显增强，并且产生了许多黑质，而这些黑质则是多巴胺信号系统活跃的表现。这些黑质对人们来说十分重要，在控制身体活动和做决策的时候起到了关键作用。而帕金森症患者大脑中的黑质则受到了严重影响。

观察结果显示，人类中脑多巴胺系统会在日常事件即将发生之前，迅速出现编码的现象，从而预测可能发生的现象。而且统计结果显示，当一个日常事件正在发生的时候，突然中断，人们往往可以感知到，准确率高达80%到90%。此外，有研究者还提出，人类大脑的预知能力不仅仅局限于日常小事。例如当一个人过马路的时候，突然有车朝着他撞来，他大脑中所拥有的预知能力会让身体下意识地进行躲避，从而避免给自己带来伤害。

这种感知的能力虽然是人类所共有的，但是也会因人而异，有些人的预感能力会特别强，有些人则比较弱。此外，还有许多神经系统的疾病也会涉及潜意识的预知区域，例如精神分裂症的早期表现、阿尔茨海默病以及帕金森综合征等。

这项研究结果建立在一种理论基础上，即认为人的任何思维活动都是大脑功能的外在反应，也就是说，我们之所以会具有预知能力，不过是大脑功能的表现。只要人类技术允许，一切思维活动都可以用神经元和脑细胞来解释。例如，有些人到某个陌生的地方后，会有一种很熟悉的感觉，这种感觉存在的时间十分短暂，往往会在一瞬间出现与消失。事实上，这是我们大脑某个部位发生短暂痉挛的结果。如果这种痉挛的时间过长，就会引发癫痫。而有些癫痫患者可以感知到普通人所无法感知的东西。在早期治疗癫痫病的医疗手段中，常常会采用切除引发癫痫病的大脑中的某个部位的方式。不过这种手术往往会给患者带来无法弥补的后患，可能在手术过后引起大脑重要功能的缺失。

此外，研究者还认为人类大脑中这种预测能力只能在日常生活中体现出来，并保证预测的准确性。因为这种预知能力建立在潜意识和主观经验的基础上。如果是一些突发事件，那么人预知能力的准确性就会变得很低。因为未来充满了许多不可知的因素和变数，哪怕只是一些细小的变化，往往也会影响最终的结果，甚至会使整个事件朝着不同的方向发展。

而且人类的思维十分复杂，会受到外界环境、知识与经历、天气等等因素的影响。在这种多变的思维基础上，人们想要预测未来是十分困难的。例如在第二次世界大战中，德军在进攻苏联的时候，一直处于优势地位，当时的希特勒非常有信心能吞下苏联这个庞大的国家。但是，希特勒的这种关于胜利的预测却败在了天气上。随着天气变得越来越寒冷，德国士兵越来越难以忍受这样的严寒。关键的是，德军一向以闪电战著称，本来决定在天气变得寒冷之前就结束对苏联的战争，所以并没有准备御寒的衣物。而苏联人长期生活在这样的气候中，抗寒能力自然比德军强。再加上苏联人还有许多可以御寒的物资。所以，当时德军冻死了不少士兵，直接导致整个战争局势的逆转。

巴甫洛夫用实验告诉我们，哺乳动物有一种关联学习的本能，会把经常同时出现的两种事物建立因果联系，然后在头脑中形成条件反射，当其中一种事物出现时，会自然联想到另外一种事物。这是因为哺乳动物的大脑进化出了杏仁核，人的预知能力就与杏仁核有关。

杏仁核位于大脑底部，掌管着所有情绪反应。在人类大脑中，左右两侧的脑额叶皮层控制着情绪，其中左侧控制着积极的情绪，右侧控制着消极的情绪。通常情况下，我们的情绪反应是这两侧皮质活动的结果。但是杏仁核也会直接管控我们的情绪，也就是不经过两侧脑额叶皮质层直接处理情绪。而有的人认为，杏仁核既不管控情绪，也不掌管理性思考，与不假思索的直觉有关。例如大部分人第一次看到蛇都会恐惧，就是一种本能的恐惧。

杏仁核的作用就是保护我们不受伤害，这种保护不仅仅是生理上的，也是心理上的。如果杏仁核保护不力，那么就会出现许多心理疾病。例如当人们过于恐惧时，杏仁核的反馈能力就会大大增强，从而因为反应过度而出现创伤性的应激障碍。创伤性应激障碍的一种表现就是在重大变故后，选择忘记或是麻痹自己的情感。而人的预知能力就是这种自我保护的一种反应。

不过也有不少研究者认为，人类是拥有自由意志的物种，人的思维中一定有一部分不受大脑控制。也就是说，某些人类思维活动是无法通过神经元和脑细胞功能来解释的。

还有一种观点认为，人的预知能力实际上是一种对自身危险处境的直觉，这是与生俱来的，是长期进化的产物。在漫长的进化历程中，人们为了更好地适应环境生存下来，必须拥有一种预知危险的能力，从而避免受到伤害。例如在远古时期，人类遇到猛兽时，会预感到自己可能会受伤甚至死亡，然后拼命避免这种现象出现。

并不可靠的预知能力

贝姆用他的实验告诉我们，人类具有预知的能力，但是这种能力的体现并不明显。事实上，我们也应该庆幸我们没有清晰且完全的预知能力。如果我们能够知道未来会发生什么，那么未来对于我们将不再具有吸引力。

通常情况下，我们的确会对一些事情产生预测，而且正确率也比较高。但这基本上都建立在记忆的基础上，是生活经验积累的表现。而且这种预测的能力往往是不可捉摸的，只能算是一种直觉，而且是恍然间感觉到，无法像理性思考那样可以被我们掌控。

谁在做决定

——潜意识决策研究

我们的决定是根据自己的意志作出的，这是大家都普遍接受的真理——自由意志。但心理学实验却在挑战象征人类尊严的自由意志。

20 世纪 80 年代，本杰明·里比特运用脑电图技术来研究人类大脑中潜意识做决策的功能。在实验中，里比特会让被试观看一个被黑点扫过的钟面，并且对被试说："如果你想要动手指，那么就必须记下黑点的位置。"

然后，里比特就开始观察被试的脑电图，结果他发现在被试准备有意识地表达想要移动手指的意图之前，其大脑就已经开始活动了，尽管这个时间段十分短暂，只有十几分之一秒，瞬间就可以完成。这个实验结果说明，人们所做的决策来源于潜意识，并非是理智控制的结果，也就是说人类并不像自认为的那样具有自由意志。

里比特的这项实验研究立刻引起了巨大的争议。反对者认为，里比特的这项实验存在着巨大的缺陷，结果并不可信，因为实验过程中的道具钟会分散被试的注意力，而且让被试自己报告决定意识的方式也不够客观。

关于神经学实验，通常会采用一些具有可控性的输入变量，例如在一个精准的时刻给被试看图片，从而观察被试脑电图的反应。但是在里比特所设计的实验中，被试动手指太过主观，是被试自己做决定的。

此外，反对者还认为里比特所观察到的脑电图反应，是大脑在作出有意识决策之前的活动，这些活动并不代表大脑在作决策，很可能是大脑作决策的准备活动。

后来，柏林计算机神经科学伯恩斯坦中心的一名神经学家海恩斯在 2008 年的时候对里比特的这项潜意识决策研究进行了改进。

在里比特的实验中，由于技术的限制，他只能通过脑电图观察被试大脑中几个有限的区域。而海恩斯则采用了功能性磁共振成像技术来观察被试的大脑活动，这种装置可以帮助海恩斯观察整个大脑的活动。

在里比特的实验中，被试只是自己决定什么时候移动手指，而在海恩斯的实验中，被试则被海恩斯强迫在两个选项（左按钮和右按钮）中做选择。

虽然海恩斯尽力完善这项实验，但是依然有反对者找到了实验的漏洞，反对者认为，海恩斯所设计的左按钮和右按钮的选择预测的精准率只有 60%，实验结果依然不具有说服力。

达特茅斯学院研究自由意志的神经学家和哲学家艾迪娜·罗斯基表示，虽然海恩斯的预测结果比里比特所设计的完全随机性要严谨与精准许多，但是依然没有充足的证据说明，大脑在意识到决策之前就已经做出了决定，也有可能是一些生理因素在影响着最终的决策。

此外，艾迪娜·罗斯基还认为，在实验中所采用的不论是动手指还是左右按钮的选择，都只是对现实中“做决策过程”的拙劣模仿。这些实验方式太简单了，根本不能准确显示人脑做决定的复杂过程。在现实生活中，即使是非常简单的决定，例如是吃面条还是吃米饭，大脑的思维过程也远比决定是否动手指或按哪个按钮要复杂得多。总而言之，艾迪娜·罗斯基认为，不论是里比特的实验还是海恩斯所改良后的实验都不能有力地证明人不具有自由意志。

其实，海恩斯在 2007 年的时候也做了一个证明自由意志不存在的实验。在实验过程中，他让被试戴上了大脑扫描仪，并且让被试观看屏幕上随机显示的字母，同时在被试的双手旁边各有一个按钮。海恩斯告诉被试：“你们可以随时按下左手边或是右手边的按钮。在按下按钮的同时，需要记住屏幕上出现的字母。”

在交代完毕后，海恩斯就开始观察功能性核磁共振成像，上面有被试大脑在面临决定时所出现的脑部活动。实验的结果让海恩斯十分吃惊，他甚至觉得可能是实验的某个环节出错了。但是经过一番仔细的检查之后，海恩斯发现实验结果和之前的一样。

功能性核磁共振成像显示，被试在做出按按钮的行为之前，大脑已经在一秒钟之前做出了按按钮的决定。这说明，被试在意识到自己做这个决定之前，大脑在已经为他做出了决定。此外，海恩斯还发现了人类存在的一种大脑活动模式，即人类大脑甚至可以在长达七秒钟之前就做出决定。

后来，海恩斯又设计了两项实验来证明他的研究结果。其中一个实验，用更精准的扫描技术来确认之前研究中大脑的活动区域。在另一项实验中，海恩斯增加了被试进行思维决策的复杂性和难度，要求被试将屏幕上的一系列数字中的两个进行加法运算或减法运算。海恩斯认为，这项实验所采用的方式更好地模拟了日常生活中做决定的模式。实验结果表明，尽管被试所做的决策更为抽象，其大脑中的潜意识依然在被试意识到决定之前的四秒钟就已经开始活动。

虽然海恩斯的实验研究依然存在漏洞与缺陷，但是却在哲学领域引起了轰动，那些坚信人类具有自由意志的哲学家不得不开始思考有关自由意志的问题。这应该算是科学与哲学之间的一场长时间的较量。

如果真的如里比特和海恩斯的研究结果所料，人类不具有自由意志，一切都是命中注定的，那么，会不会给所有人带来消极的影响，从而让人类丧失自主努力的信念呢？关于这一点，美国明尼苏达大学的凯思林·佛赫斯通过实验发现，那些对自由意志产生怀疑的被试更容易在数学测试中出现作弊行为。佛罗里达州立大学的罗伊·鲍迈斯特也通过实验发现，对自由意志产生怀疑的人，同情心会减弱，在面对陌生人的时候，比较具有攻击性。

而美国佐治亚州立大学的埃迪·纳米阿斯则用实验证明，这是不可能的。在实验过程中，纳米阿斯向被试讲述了一个不具有自由意志的故事："随着科技越来越发达，电脑被研发出可以预测一个人一生经历的功能。而一个人在出生后就接受了这种电脑预测，果不其然，如同预测的那样，这个人在 30 岁的时候抢劫了银行。对于这个人的行为，你认为是命运所致，还是他自己的责任？"

实验结果显示，有四分之三的被试认为这是一种按自己意志做出的行为；四分之一的被试认为这个人应该为自己的行为负责，接受法律的惩罚。耶鲁大学的认知科学家乔舒亚·诺布所做的实验也得出了和纳米阿斯的实验相似的结果。

深不可测的潜意识

长期以来，我们都认为人类是拥有自由意志的，可以在意识的作用下做决策。但是里比特和海恩斯却用实验告诉我们，做出决定的意识只是一种生理上的后知后觉罢了，与人类的意识无关，是由我们所无法掌控的潜意识做出的决策。换句话说，所谓的自由意志只是一种幻觉罢了。我们曾经都以为，自己的决定是有意识思考的结果，但事实上在我们意识到之前，潜意识就已经有了答案。如同伦敦大学的神经学家帕特里克·海加德所说的："我们自以为自己在主动地做决定，事实上并非如此。"为此，海恩斯感到十分惶恐："如果我都无法知道自己的想法是什么时候出现的，那么我又怎么能把这种思考的结果称之为'我的想法'。"由此可见，潜意识对我们的影响是多么巨大。

潜意识广告

——阈下刺激实验

潜意识广告之所以会产生作用，是因为阈下刺激。虽然有不少人相信潜意识广告的作用，但是商家在投放广告的时候也应该注意，阈下广告实际上并不靠谱。

如果有人告诉你，在超市播放的音乐中嵌入一组“如果偷窃，将被送到监狱”的阈下信息，就能够帮助减少超市的偷窃案和现金流失现象，你会相信吗？如果有人说，在贝多芬的《月光奏鸣曲》中嵌入毫无秩序的次声波，会让音乐厅中的观众感到头痛、恶心，甚至愤然离席，你觉得这是真的吗？

1957年，维利卡当众宣称，在6周之前他曾经做过一个心理学实验，在这次实验中有几百名观众无形中成了他的被试。那是一个周末的晚上，有许多美国人来电影院观看《野餐》这部电影。维利卡在电影播放期间，将“渴了，请喝可口可乐”和“饿了，请吃爆米花”这两条广告语打在银幕上，每次播放的时长为三千分之一秒，每5秒重播一次。在电影播放完毕后，维利卡发现有不少观众会去购买可口可乐和爆米花。经过统计，维利卡发现在实验的6个星期内，可口可乐的销售量提高了18.1%，而爆米花的销售量提高了57.7%。

但是，这次实验却是虚假的，而维利卡本人也在1984年当众承认。当时维利卡这么做的原因是为了给他入不敷出的公司拉客户。尽管如此，当维利卡当众发表自己的实验以及结果的时候，立刻引起了巨大的轰动。当时不只许多公众表示震惊，甚至连社会评论家都发出警告，在电视和收音机上做潜意识广告一下子变得十分热门。

从此以后，“潜意识广告”就变成了广泛讨论的话题，美国联邦通信委员会甚至还专门规定，有在广告媒介中利用潜意识信息者，将吊销其广播执照。

在了解阈下刺激之前，必须了解刺激阈限这个概念。在日常生活中，我们会感受到各种各样的刺激。有些刺激是我们能够感受到的，有些则不能。当某一刺激强度值使得我们刚刚能感受到这一刺激，那么该刺激量就被称为刺激阈限。而低于阈限的刺激就是所谓的阈下刺激。

例如，我们日常生活中所使用的钟表，通常情况下，我们可以清晰地感受到秒针在不断地转动，就连分针的转动我们也是可以微微察觉到的。但是关于时针的转动，我们通常很难察觉到，因为时针的运转速度实在是太慢了，我们肉眼根本无法观察到。而这时针的运转就是阈下刺激。只要是刺激量小，我们无法感觉到的刺激，都被称为阈下刺激。

维利卡的实验结果说明了潜意识广告的作用，也说明了阈下刺激对我们做决策的影响。但是由于后来维利卡承认自己的实验是虚构的，所以有关潜意识广告以及阈下刺激的影响就没有了理论依据。而且越来越多的人开始相信，购买其实是一个很复杂的决策过程，不会因为广告商的广告信息刺激的呈现方式发生些许改变而受到影响。

既然如此，那么阈下刺激到底是否会影响人们的行为呢？一些梦境实验则证明了阈下刺激影响力的存在。在实验中，实验人员以 0.005 秒～ 0.01 秒每张的速度向被试放映幻灯片，这些幻灯片上都有几处很淡的、难以察觉的图案。在播放完幻灯片之后，实验人员会要求被试把之前所看到的图案画下来，并让被试第二天早上报告自己的梦境。

实验结果显示，虽然被试无法画出那些幻灯片中难以察觉的图案，但是这些图案却会在被试的梦境中得以呈现。

在另一项实验中，实验人员证明了阈下刺激对人们做决策的影响力。这次参加实验的被试都是大学生。首先，实验人员会让大学生就所研究的项目提炼出自己的观点，然后让大学生观看极为短暂闪现的图片，这些图片都是大学生所熟悉的面孔，其中有同学的笑脸，也有愁眉苦脸的导师的面孔。这些图片所出现的时间十分短暂，都是一闪而过的，大学生根本就来不及从图片中感受到什么。也就是说，观看图片实际上就是一种阈下刺激。

在观看完图片之后，实验人员会让大学生对自己先前所提炼出的观点进行评分。结果显示，那些看到愁眉苦脸的导师的面孔的大学生所评的分数低于那些看到笑脸图片的大学生。这说明，阈下刺激的确会给人带来一定的影响。

1979 年，威尔逊做了一个著名的“双耳分听”实验，用以研究阈下信息对人类行为的影响。实验开始后，实验人员给被试戴上耳机，耳机两边播放的是完全不同的内容。一边耳机在播放一篇文章，实验人员要求被试边听边朗读。另一边耳机则播放数段音乐，而且都是被试从来没有听过的。

边听边朗读的目的是使被试集中注意力听耳机里播放的文章，同时忽略掉另一边耳机播放的音乐。所谓一心不可二用，从心理过程来看，当人的注意力集中于一件事物时，其他事物则被知觉为背景，不会被感官接收。于是，另一边耳机里的音乐可以视为阈下刺激。

文章播放完毕后，实验人员要求被试从三首刚刚播放的音乐和三首未曾播放过的音乐中选择听过的音乐，被试无法正确辨认。不过，当实验人员要求被试从六首混合的音乐中挑出比较熟悉的音乐，他们辨别出的音乐都是刚刚播放过的。由此可见，虽然被试并没有知觉到音乐片段，它仍旧对人的大脑产生了影响。

除了威尔逊的实验之外，心理学家也通过监控被试生理上的变化，证实了阈下信息对人的影响。当播放一段低于听觉阈限的音乐时，虽然人无法感觉，生理上却会出现反应，比如脑电波开始变化，眼睛的瞳孔放大等。

加拿大广播公司（CBC）为了检验阈下刺激是否真的存在，专门实施了一项史无前例的全国测试。在一个周日晚上的公共电视节目中，观众被告知，CBC 将实施一项有关阈下说服的测试。在这个节目中，CBC 以阈下的方式在荧幕上闪现了三百多次“现在就打电话”的信息。但是，CBC 却发现，电话量并没有增加。这说明，所谓的潜意识广告根本不会起作用。

此外，还有人专门研究了阈下信息在影响顾客选择或选民态度方面的作用，这是一项十分严格的测试和研究。结果显示，阈下信息根本不会影响顾客或选民的决策。

潜意识广告不靠谱

广告属于大众媒介，目的是说服视听观众去购买广告中所宣传的产品或是服务。因为在针对顾客的广告中，公然使用广告影响顾客已经很难了，更别说影响顾客潜意识的阈下广告了。广告想要产生作用，就必须从消费者的心理特点、需求趋向、购买习惯以及生活方式等方面着手研究，只有这样才能提高广告的说服力。

半梦半醒之间

——催眠实验

人们对催眠充满了好奇心，舞台上的催眠表演更是神乎其神。在催眠状态卜，我们究竟是睡着了，还是清醒的，或者似睡非睡、半梦半醒？心理学实验能够为我们揭开催眠的神秘面纱。

美国心理学家希尔加德曾经做过一项有关催眠的实验。首先，希尔加德让被试进入催眠状态。当确认被试已经被催眠了之后，希尔加德会告诉被试：“你的左手将感觉不到任何一点儿痛感。”被试接受了这一暗示后，希尔加德会把被试的左手放进冰水之中。

通常情况下，人一旦接触到冰水，数秒钟之后就会有疼痛的感觉，但是希尔加德观察到被试并没有疼痛的表情。于是，希尔加德问被试：“你感觉到自己的左手疼痛吗？”被试的回答是：“不痛。”最后，希尔加德告诉被试：“你的右手边有一个按钮，如果你感觉自己的左手疼痛，就用右手按按钮。”这时不可思议的现象出现了，被试告诉希尔加德自己的左手不痛，但是右手却在按按钮。

希尔加德对实验现象的解释是，被试之所以会回答自己不痛，是因为他受到了实验人员的暗示，这种暗示下的意识经验是被扭曲的，是不真实的。而被试之所以会用右手去按按钮，是自己真实感受的表达。这个实验结果说明，人在催眠状态下，意识是被一分为二的。

希尔加德的这项实验一共招募了500个成年人，通过对这500人的催眠，希尔加德发现，并不是所有人都可以被催眠，进入催眠状态的人被催眠的程度也是不一样的。例如在这500个被试中有25%的人可以轻松进入催眠状态；有10%的人可以进入深度催眠状态；有10%的人根本无法进入催眠状态。

在心理治疗中，催眠术是一种经常被运用的治疗方式之一，在许多人眼中，心理学是非常神奇的，而催眠术就更加神奇了。那么，催眠术到底是怎么回事儿呢？心理学家投入大量精力进行研究，但是依然没有得出一个权威的结论。有人认为，催眠术可以帮助人们了解潜意识；有人认为，催眠是一种恍惚间似睡非睡的状态；有的人甚至觉得催眠术其实就是一种巫术，没有科学道理可言。不论人们怎样看待催眠术，它的作用却是不容置疑的，因为在催眠状态下人们最容易接受暗示，这种暗示往往可以产生较好的治疗效果。

希尔加德根据这个实验，针对催眠提出了新的见解，即在催眠状态下的人意识被分离成两个层面：第一个层面是被试接受催眠暗示之后所产生的一切新的经验；第二个层面往往隐藏在第一个层面的背后，是没有被接受催眠者意识到的经验。

也就是说，第一层面是催眠师给予被催眠者的暗示，这种经验有可能是扭曲的、不真实的，同时这一层面的意识可以和外界发生交流。第二层面的意识是被催眠者自己的真实感受，只不过由于催眠师的暗示而被隐藏起来了。希尔加德把第二层面的意识称之为“隐秘观察者”。

下面，我们为对催眠感兴趣的读者介绍一些常用的催眠方法。催眠师在催眠过程中都会有属于自己的催眠方法，所以，古今催眠师所使用的催眠方法可以说有上百种，但是，其中有许多催眠方法已经很少用到。这里，我们主要介绍三种最为常用的方法。

1. 数数法。

数数法是渐进性放松的一种方法，也就是在让被催眠者进行放松的时候，加入了数数的元素。在催眠师对被催眠者进行引导之前，要让被催眠者先舒展一下身体，做一个深呼吸，然后让被催眠者选择一个舒服的姿势坐下。

正式的引导词：“现在，请你选择一个舒服的姿势坐好，然后慢慢地闭上眼睛。当你闭上眼睛的时候，你就开始放松了。你什么都不要想，什么也不用想，只要听我说话就可以。外界的任何声音都不会干扰到你，反而会让你进入更深层次的催眠状态。”

然后就可以继续引导被催眠者进行深呼吸了。在被催眠者进行深呼吸的时候，继续引导。

“很好，下面我会从二十倒数到一，我每倒数一个数字，你都会越来越进入更深层次的催眠状态。

“二十，你已经进入到更放松、更宁静的催眠状态……十九，你的内心开始变得更加放松、更加舒服、更加宁静……你可能会随时进入完全放松的深度催眠状态，而不再理会我的数数……十八，你的内心变得更宁静、更放松、更舒服……十七……十六……一。

“好，很好。你已经进入了完全放松的深度催眠状态。”

数数法，可以使被催眠者集中注意力，并达到一定的专注程度，从而更容易进入催眠的状态里。

2. 机械法。

催眠师在作诱导催眠的时候，可以利用机械工具，从而达到催眠的效果。在催眠机械的选择上，一般会选择能够产生节拍的物体，因为这样的物体可以提供适合催眠用的节奏声。像怀表和摆锤的使用，有规律的机械声，可以使被催眠者渐渐地产生一种恍惚的状态，从而更容易进入催眠状态。

还有水晶球的使用，催眠师让被催眠者较长时间地凝视水晶球，渐渐地被催眠者也会进入一种恍惚的状态，这对催眠的进行是非常有利的。不光水晶球可以达到这样的效果，当被催眠者长时间地凝视墙壁上的某一个亮点的时候，也可以达到相同的效果。

3. 沉默法。

沉默法一般应用在加深催眠状态以后。催眠师可以向被催眠者暗示：“从现在起，我不再说话，在这期间你的催眠状态会加深。当我再开始说话的时候，你的催眠状态便会进一步加深……”也就是，在催眠加深的过程中暂时保持沉默。

但是，催眠师需要注意的是，沉默的时间不要太长，一般以两三分钟最为适宜。沉默法是一种比较有效的加深催眠深度的方法。在有些情况下，催眠师需要给予被催眠者一定的体会时间。甚至可以说，催眠师在这个时候保持暂时沉默的态度是必需的，也是必要的。

不过这个方法也并不适用于每个人，因为有的人会在这个过程中进入自然睡眠的状态，而睡眠状态下的人是不会接受催眠师的暗示的。

当以上三种方法都起不到催眠的效果时，催眠师也可以选择生理机制压迫法。这种生理手段是一种切实可行的方法，美国的一个著名催眠师曾经对数千人都使用过这种方法，目前还没有失败的例子。但是，需要催眠师注意的是，这种方法并不适用于每个人，心脏功能不全者禁用，而且血压低的人也要慎重使用。

催眠师需要让被催眠者坐在椅子上，然后催眠师用左手托住被催眠者的后脑，使他仰面向上，再让被催眠者闭上眼睛。这时，催眠师用右手轻轻地按压被催眠者的颈部动脉（也就是被催眠者的颈部两侧）。

当催眠师按压被催眠者的颈部动脉时，会引起被催眠者的心率反射性地减慢，同时动脉壁平滑肌放松，使血压下降。催眠师需要注意，在按压的时候一定要轻轻的，如果按压过猛，被催眠者就会因为血压急剧下降而引起脑部缺血，甚至会出现昏迷的情况。

其实，这种生理催眠法就是利用人的一种生理机制的反应。在催眠师对被催眠者的颈部进行按压的时候，被催眠者会出现一种类似神志不清的恍惚状态，被催眠者的暗示感受性就会变得异常兴奋。但是，仅仅对被催眠者的颈部进行按压，还是不能让他进入催眠的状态，这个时候，就需要催眠师对其进行语言的诱导暗示，可以使被催眠者快速地进入催眠的状态。

此外，还可以使用药物进行催眠。在有些影视剧作品中，我们可以看到有些人只要一服用某种药物，马上就可以进入催眠的状态。实际上，这样的药物并不存在。催眠师所使用的催眠药物，只是让被催眠者的大脑皮层受到一定程度的抑制，从而提高被催眠者的受暗示性。当被催眠者的受暗示性提高以后，催眠师在进行暗示诱导的时候就会容易得多。

催眠的历史

催眠术的历史是非常悠久的。

催眠术起源于印度，古印度的瑜伽术中就有催眠的影子。在三四千年前，古印度的催眠术由表演瑜伽的队伍传入希腊、罗马、波斯、埃及等国家。

在这些宗教氛围浓厚的国家，催眠术受到了热烈欢迎。经过若干代催眠师的研究和实践，这些国家逐渐发展出了一套属于自己的催眠术。

在欧洲，中世纪时占星术盛行，催眠术就和占星术结合在一起，成为占星术的一种。直到 1766 年，占星术大师麦斯麦尔经过多年的研究，提出了磁气治病的理论。而麦斯麦尔的催眠术，就是利用磁气对病人进行治疗的。

麦斯麦尔的催眠方法是选择一个光线暗淡的房间，再在房间的中央放置一个大水桶。而水桶的四周安装有很多磁棒，让病人围坐在水桶四周，用磁棒接触病人患病的部位。然后，麦斯麦尔身着一件丝绸外衣，手持长鞭，在音乐声中出现在病人面前，样子很神秘。他在病人之间走来走去，用长鞭或手去触摸病人患病的部位，促使病人出现大喊大叫、昏昏欲睡或剧烈痉挛的情况。过后，病人的症状就随之消失了。麦斯麦尔把这种疗法称为“动物磁气疗法”。1784 年，法国国王路易十六认为，麦斯麦尔的这种疗法实在有损风俗，就把他驱逐到了德国。

1842 年，英国的布雷德把催眠术从麦斯麦尔的神秘气氛中解放出来，开始从科学的角度阐述和发展催眠术。

1885 年，一位来自奥地利维也纳的青年医生弗洛伊德访问了萨尔贝特莱尔医院。弗洛伊德就在这所医院里开始了催眠术的学习。在这家医院里所见和所学的一切，使年轻的弗洛伊德逐渐确信，在人的思维中有一个被一般意识状态所掩盖的“空间”，其中存在着一种极强的心理过程。这就成了精神分析理论的萌芽状态。

1889 年夏，弗洛伊德开始向里艾波尔学习。弗洛伊德从他那里学到了很多实验方法和催眠经验：在患者醒来后，催眠过程中实施的暗示在患者的潜意识里依然可以发挥作用（后催眠暗示）；通过催眠术运用强制性的回忆，可以让患者重新回想起过去的体验等。不过，后来弗洛伊德放弃了催眠术。

神奇的音乐
——莫扎特效应研究

你喜欢音乐吗？流行音乐还是古典音乐？偏爱流行音乐的人不妨尝试一下莫扎特的作品，那是一个不同的世界，会带给你意想不到的收获。

莫扎特是欧洲最伟大的古典音乐家之一，也是极具天分的艺术家。在西方音乐历史中，他是公认的旷世奇才。莫扎特虽然英年早逝，但他创作的传世音乐，让这位天才音乐家流芳百世。他的作品，不管是协奏曲、交响曲，还是奏鸣曲、小夜曲，直到今天依然被人们喜爱，更重要的是，人们开始发现莫扎特音乐在其他领域的神奇功效，比如在心理学领域的影响力。

1993年，加利福尼亚大学教授戈登·肖进行了一项实验。在实验中，戈登·肖让被试听完莫扎特的《双钢琴奏鸣曲》之后，马上进行一个有关空间推理的测验。结果显示，被试的空间推理能力明显提高。戈登·肖把这种现象称为“莫扎特效应”，即当听完一首莫扎特的曲子之后，大脑的活力将会增强，思维会变得更敏捷。研究证明，在IQ测试中，听了莫扎特音乐的被试的得分明显高于其他被试。莫扎特的音乐甚至还可以缓解癫痫等病人的病情。

除此之外，戈登·肖还进一步用一些反复性极高的音乐来做实验，例如菲利普·葛拉斯的极简主义音乐和那些迷幻摇滚舞曲，结果发现在这项实验中被试的空间推理能力并不像听莫扎特的《双钢琴奏鸣曲》提高得那样多。

后来，戈登·肖还对小学生进行了类似的实验。在其中一组小学生进行过钢琴训练后，玩一个有关比例和分数的数学电子游戏；而另一组小学生则在经过英语训练后再玩数学电子游戏。结果发现，那些进行钢琴训练的小学生的游戏成绩比进行英语训练的小学生的游戏成绩高出了15%。

研究人员还发现，音乐不仅会提高小学生分数、百分比运算能力、空间—时间推理能力，还能对小学生的阅读理解、语言记忆等心理能力产生重要的影响。

后来又有人开始对三岁的小孩施以音乐训练实验，结果发现这种音乐训练可以增强孩子们在非语言方面的辨认能力。

音乐的确有十分神奇的力量。科学家发现，当人们听欧洲18世纪巴洛克风格的音乐时，心跳、脑电波、脉搏等会和音乐的节奏同步，变得舒缓、和谐起来。此外，血压也会相应地下降，整个人会感觉到轻松和舒畅。

科学家还通过实验证明，如果一个人能经常聆听巴洛克风格的音乐，会有益于他的身心健康。此外，巴洛克的音乐还会对一些心因性疾病，如高血压、失眠、糖尿病等，起到很好的预防和舒缓作用。

一些科学家认为，音乐欣赏需要一定的空间知觉和空间推理能力，而这些是数学能力的重要组成部分。此外，音乐欣赏还能强化人脑中潜在的神经结构，从而有利于提高人的数学能力，就好像一个人进行肌肉训练可以加强他的运动能力一样。而另一些科学家认为，音乐欣赏与我们的右脑活动相关联，加强一个人的音乐训练，可以促进右脑的活动，进而提高工作效率。

除此之外，音乐还有许多人们意想不到的神奇效果。医生在临床中常常会发现，患有帕金森综合征的患者平时的反应和行动都显得十分迟缓。但是，当帕金森患者在听音乐或是在头脑中想象音乐时，会神奇地恢复一些功能，行动和反应变得敏捷起来。但是音乐一停止，他们就又变成了帕金森病患者。

心理学家西格对莫扎特效应提出了怀疑，并用不同的空间推理能力实验来进行检验。在实验中，西格让被试看着两个不同位置的E，其中一个字母被旋转成倾斜的角度，这个角度与另一个相比较，倾斜的角度越大，就越难在极短的时间内判断出字母的异同。

西格会根据被试判断字母异同的时间长短（毫秒）来确定被试的空间推理能力。结果发现，听莫扎特音乐的测试组成绩更好。

但是值得注意的是，在所有空间推理能力测试中，为了保证一致性，西格都采用了莫扎特的 D 大调钢琴奏鸣曲。这样就会出现一个新的问题，其他音乐家的作品能不能用来做实验?

伊利诺斯大学医疗中心神经生物学家胡格与音乐教授的研究解答了这个疑问。胡格设定了一个标准，计算音乐的音量在 10 秒钟或是更长时间内的起落频率。

在这个研究中，胡格发现流行音乐和其他音乐的得分最低，而莫扎特的音乐作品得分要高出两三倍。此外，胡格还认为，20 到 30 秒的重复频率会对大脑产生十分明显的影响。这是因为我们大脑中枢神经的许多功能就是以 30 秒左右的频率运行的。而莫扎特的音乐作品的韵律差不多每 30 秒就会达到高峰。

很多专家还认为啮齿动物喜欢古典音乐。例如有的科学家通过实验发现，莫扎特的音乐会在啮齿动物身上起作用，能够改变老鼠的表现，让老鼠的行为变得混乱起来，而且老鼠体内也出现了生物化学变化。

有的科学家在老鼠还处于胚胎发育期、距出生日期 60 天的时候就开始实验，结果发现，那些听莫扎特音乐的幼鼠比听轻音乐的幼鼠成长更快，并且在成长过程中患病的概率也比较低。

但是也有人提出了异议，认为莫扎特的音乐根本没有那么神奇的力量。例如老鼠基本上都是聋子，而且莫扎特音乐的音频对老鼠来说太低了，老鼠根本听不到，不会被影响。

不要理解，而是感受

初次接触古典音乐的人会走进一个误区，试图理解音符背后讲述的故事。其实，音乐不是用来理解的，而是要体验、感受。沉浸在那优美的旋律中就足够了，为何要把音符编排成一个连贯的故事，多此一举呢?

你会做梦吗

——梦境剥夺实验

睡眠和梦境是什么关系？一夜无梦就代表睡得好吗？心理学家通过精心设计的实验给出了答案。

1950年，威廉·德蒙特首先通过对被试的脑电、肌电、眼电研究，发现了两种不同类型的睡眠：一种叫正相慢波睡眠，也叫做非快速眼动睡眠；另一种叫做异相睡眠，也叫做快速眼动睡眠。这一研究结果使人们对睡眠的基本过程有了一个初步的了解，成为对睡眠过程开展实质性研究的基础。

1952年，尤金·阿瑟瑞斯基也开始研究睡眠和梦。阿瑟瑞斯基通过对婴儿睡眠的观察发现，当婴儿处于睡眠中时总会出现周期性的快速眼动，而其他时间，只会偶尔出现非快速眼动。阿瑟瑞斯基认为这种快速眼动与做梦有关，但是由于被试是婴儿，无法告诉阿瑟瑞斯基他是否真的在做梦，所以阿瑟瑞斯基只好把这项研究放在成人身上。

阿瑟瑞斯基找来了20名身心正常的成人做被试。在实验中，阿瑟瑞斯基将电子测量仪器通过电极连接在被试眼部周围的肌肉上，而电极的导线则一直延伸到阿瑟瑞斯基所在的隔壁房间内。当被试出现快速眼动的时候，阿瑟瑞斯基就会把被试叫醒，并且问他是否做梦了。此外，即使被试没有出现快速眼动，也会偶尔被阿瑟瑞斯基叫醒，回答相同的问题。实验结果显示，当被试出现快速眼动被唤醒的时候，大部分人都能十分清晰且形象地报告自己的梦境；少数人表示自己虽然感觉自己在做梦，但是却无法回忆起梦境的具体内容。当被试没有出现快速眼动的时候，大部分都报告自己没有做梦，只有极个别的人有模糊感觉似乎在做梦，但是无法描述梦境的内容。

阿瑟瑞斯基的这一研究结果揭示了快速眼动与做梦之间的密切联系。后来随着生理记录仪器和研究方式的成熟，人们越来越了解睡眠与做梦之间的关系。

对于一个大脑功能正常的人而言，在进入睡眠状态之后，通常需要经过睡眠的四个阶段，这是一个有规律地进行浅睡眠、深睡眠和快速眼动的过程。通常情况下，每个睡眠周期的时间为一个半小时。第一阶段被称为浅睡眠阶段，是一种介于清醒与睡着之间的状态。然后睡眠状态会越来越深入，最终达到第四阶段，也就是最深的深度睡眠阶段，身体和大脑都会得到极大的放松。

每个睡眠周期的时间虽然差不多都是一个半小时，但是浅睡眠、深睡眠和快速眼动在各个阶段所占的比例并不一样。当进入深睡眠阶段后，我们的睡眠会变得越来越浅，这个时候快速眼动就会越发频繁地出现。因此，可以说我们的梦差不多都是一个睡眠周期快要结束的时候开始的。也就是说，入睡的时间越久，越到后面的睡眠周期中，快速眼动所占的比例就会越大。这是因为在之前的深睡眠之中，人的大脑和身体休息够了，大脑开始恢复精力，整理潜意识中的记忆。

在快速眼动阶段，人的大脑虽然十分活跃，但是身体却很迟钝，不会经常挪动身体，这是因为缺少血清素和肾上腺素这样的电化学信息的干扰，从而出现了身体不能动弹的现象。其实这是一种自我保护机制，正因如此人才不会用肢体去演绎梦境，从而避免伤害自己或是造成更糟糕的后果。但是，梦游者并没有这种自我保护机制。

当快速眼动结束之后，你的新一轮睡眠周期又将开始。通常，在人入睡 90 分钟后就会出现第一次的快速眼动。这是睡眠初期的梦境，时间都不会太长，只有 5 分钟左右。随着睡眠时间的增加，快速眼动的时间也会随之增加。到最后，快速眼动几乎占据了整个睡眠周期。在睡眠初期的梦境中，梦的内容多与最近出现的人或事相关。但随着睡眠的深入以及睡眠时间的增加，大脑开始整理潜意识中潜伏着的更为久远的记忆，一些早年记忆和内心深处的情绪体验就开始在梦境中出现。

通常情况下，我们只需要 8 个小时的睡眠就够了。因为一旦睡眠时间超过 8 个小时，剩下的时间几乎就全部被梦境霸占，有可能在最后一两个小时的时间内都在做梦。因此有不少人都有这样的体验，为什么会越睡越累？这就是因为在超过 8 小时的睡眠中，你几乎都在做梦，做梦时你的大脑处于十分活跃的状态，一直在不停地运转着，并没有休息。

那么，做梦对于我们来说到底是有益睡眠还是妨碍睡眠的存在？睡眠是生理方面的需求还是心理上的需求？为了得出一个令人信服的结论，德蒙特决定进行梦境剥夺实验。

可是，德蒙特应该采用什么样的手段来剥夺人做梦的权利呢？德蒙特首先想到的办法是采用药物来干扰睡眠中出现的梦境，以达到剥夺梦境的目的。但是，德蒙特很快就发现这不是一个好办法，因为药物的作用往往会改变被试正常的睡眠模式，对睡眠模式的影响太大，以至于无法产生预期的效果，从而导致研究结果不准确。

于是，德蒙特只能采用一种看似有些过激的方式，即当被试做梦的时候就把被试唤醒。这就需要借助阿瑟瑞斯基在实验中所采用的方式，即用电极贴在被试的眼部肌肉周围以及头皮上，从而观察与记录被试的脑电波模式和眼动情况。

参加实验的被试为 8 名男性，年龄在 23 岁到 32 岁之间。在实验初期，被试都可以一觉睡到天亮，不会被德蒙特所干扰。这么做的目的是了解每一个被试通常情况下做梦的数量以及睡眠的模式，同时也让被试适应一下新的睡眠环境。

之后梦境剥夺就正式开始了，每当被试出现快速眼动的时候，德蒙特及其助手都会把被试唤醒，然后让被试坐起来几分钟，确保被试完全清醒之后再让其入睡。这对被试来说可是一个不小的折磨，最关键的是被试还被要求在研究期间不能在任何非实验的时间内睡觉或打盹，因为这样被试就有可能会做梦，导致实验结果不准确。

在实验进行到第三个夜晚的时候，其中一名被试提出要退出实验，因为他很焦虑；到了第四天晚上的时候，又有两名被试提出退出实验的要求，原因与之前的那名被试相同。

剩下的 5 名被试熬到了实验最后，这个时候他们需要经过一个恢复阶段，在此阶段内被试可以安然入睡而不担心被人打扰。当然，德蒙特还是会对被试进行电子监控，以记录被试做梦的数量。

统计结果显示，当被试在不被打扰的情况下，每晚的睡眠时间平均为 6 小时 50 分钟，用于做梦的平均时间为 80 分钟，占整个睡眠时间的 19.5%。在第一个梦境剥夺的夜晚中，被试被唤醒的次数在 7 到 22 次之间。但是随着实验的进行，被试被唤醒的次数越来越多。到了最后一个梦境剥夺的夜晚，被试被唤醒的次数在 13 到 30 次之间。这一变化说明，梦境剥夺的确会对被试的睡眠和做梦产生影响，被试试图做梦的次数一直在不断地增加着。

在恢复阶段，被试由于经历了几天梦境被剥夺的状况，所以做梦的时间明显增加了。被试们做梦的时间平均为 112 分钟，占总睡眠时间的 26.6%。

当然，也有两名被试例外，他们并没有出现做梦时间增加的情况。其中一名被试之所以没有出现做梦时间增加，是因为他在进入恢复阶段的那天晚上，回实验室睡觉之前参加了一个聚会，在聚会上喝了几杯鸡尾酒，酒精的作用抵消了梦境剥夺的作用。对于另一名被试，德蒙特给出的解释是，人群中有少数人的睡眠模式十分稳定，不会轻易受到干扰。

德蒙特还指出，如果把这两名被试排除掉，那么剩下的被试在恢复阶段第一晚的做梦时间将平均高达 127 分钟，占总睡眠时间的 29%。而且被试在经历了几晚梦境的剥夺之后，均出现了轻微的焦虑、不安与注意力不集中的症状。这一结果说明，做梦是必需的，否则将会影响人们的心理健康。

在恢复阶段结束后，被试被告知放假几天，等假期结束后继续来参加实验，这对被试来说真是一个不错的消息，他们终于可以在没有监视的情况下好好睡觉了。但是对于德蒙特而言，这是为了证明被试做梦时间的增加与梦境剥夺之间到底是否存在着联系。

等假期结束后，被试需要继续参加梦境剥夺实验。不同的是，这一次的梦境剥夺，被试会在两次快速眼动之间被唤醒，也就是说被试可以一直安然入睡而不被打扰，德蒙特会在被试梦境结束的时候再唤醒他们。统计结果显示，被试做梦的平均时间为 88 分钟，占总睡眠时间的 20.1%。与正常睡眠中做梦平均时间 80 分钟以及占总睡眠时间的 19.5%没有显著差异。在这种条件下，被试并没有出现做梦时间明显增加的现象。

德蒙特的实验告诉我们做梦不仅有助于我们的睡眠，同时也是我们生存所需。事实上，在现实生活中的确存在梦境剥夺的现象，例如通过使用酒精制品或某些药物。这些物质在帮助人们进入睡眠状态的同时，也会抑制做梦，从而使人的大部分时间都沉溺于深睡眠状态。因此，一旦一个人依赖安眠药入睡之后就很难戒除。这是因为一旦停止使用安眠药，那么快速眼动就会反弹，当事人就会出现大部分时间都在做梦的现象，从而影响睡眠质量，即使睡了很长时间，也会感觉十分劳累。这相当于睡眠周期被打断，从而无法出现完整结构的梦境，很容易感觉自己没有做梦。

此外，人们还有一种十分常见的体验，那就是往往记得自己做梦了，但是却回忆不起梦的具体内容。通常情况下，大多数梦，醒来就会忘记，特别是出现在睡眠初期的梦境。这是因为睡眠初期的梦境一般都是片段式的，没有什么主题，而且内容也比较混乱和破碎。但是出现在睡眠后期的梦境都比较容易记住，因为这个时期的梦境比较深入和完整。

德蒙特的梦境剥夺实验引起了十分强烈的反响，一时间许多人都开始研究睡眠与梦。德蒙特的梦境剥夺实验是在夜晚进行的，那么如果把梦境剥夺实验放在白天进行会怎样呢？相关研究者专门进行了一项实验，在实验开始之前实验人员会剥夺被试一整夜的睡眠，然后让被试在白天的时候睡觉并且记录了被试的快速眼动情况。

结果发现，被试白天睡觉所产生的快速眼动模式与夜晚明显不同。起初，实验人员根据快速眼动迹象来唤醒被试的时候，被试会出现试图增加做梦时间的现象，从而唤醒的次数会增加，但是等增加到一定程度之后，就不会再增加。这与德蒙特实验中的持续增加明显不同。实验人员在统计被试的梦境反弹（也就是恢复阶段做梦的时间增加）的时候发现，被试出现了很小幅度的反弹，与德蒙特实验中所出现的较大幅度的反弹效应正好相反。这一实验结果说明，我们比较适合在夜晚睡眠与做梦，我们不是昼伏夜出的动物。

到了 20 世纪 60 年代，人们普遍接受了德蒙特的观点，开始乐于做梦。但是有些梦境的内容是美好的，有些梦境的内容却会引起人们的恐惧情绪，也就是我们通常所说的噩梦。于是，有研究者在思考这样一个问题："人们能够对自己所做的梦的内容进行选择吗？人们的梦的内容到底是被动的潜意识的结果，还是受到意识的干预？"

为了找到问题的答案，卡特怀特专门设计了一项实验，参加这项实验的被试为17名大学生，其中女性为7位，男性为10位。在实验中，卡特怀特会用电极贴在被试的眼部肌肉周围以及头皮上，从而观察与记录被试的脑电波模式和眼动情况。卡特怀特会在被试快速眼动结束的时候唤醒他，并且让被试陈述梦境的内容。

在实验开始之前，被试需要参加一个人格特质形容词分类的任务，从70张有关个人人格特质的卡片中挑选出与自己人格特质比较相符的卡片，同时按照从1（很少像我）到7（非常像我）这样的等级进行分类。然后被试需要参与一项类似的任务，即在这70张卡片中找出那些与自己理想中的人格特质相似的卡片，同样按照从1（不希望）到7（非常希望）这样的等级进行分类。

卡特怀特设计该任务的目的是找出每个被试与自己人格特质非常相像，但又与理想中的人格特质不相符的人格特质，也就是被试想要改变的那种人格特质。通过此项任务，卡特怀特就可以获得每个被试的目标形容词了。

等到了睡觉的时候，卡特怀特会要求所有被试在入睡之前反复暗示自己："希望自己少一点'目标形容词'所描述的那种人格特质。"

此外，卡特怀特从被试所完成的任务中找到另外两个形容词作为对照，即一个是被试评价的现实自我与理想自我之间相差很大的一个词语，而另一个人格特质形容词则是被试评价的现实自我与理想自我之间相差较小的一个词语。卡特怀特之所以挑选出这两个人格特质的形容词，就是为了检验"目标形容词"出现在被试的梦境中是否是因为概率。实验结果显示，17名被试中有15名被试都梦到"目标形容词"。这说明，人能够对自己梦境的内容进行选择。

哈佛大学心理学家丹尼尔·韦格纳也做过一个简单有效的控制梦境的实验。在实验前，韦格纳首先召集了一组被试，然后给他们每个人两封信，请他们在晚上睡觉前打开其中一封信，另一封信则在第二天早晨醒来后打开。

第一封信的内容是一组指令，要求所有被试在睡觉前想着他所爱慕的一个人。其中，第一组被试需要在五分钟的时间内强迫自己尽量不要去想自己所爱慕的人；第二组被试需要想象自己和所爱慕的人正在约会。等所有被试在第二天早晨醒来之后打开第二封信，会发现这也是一组指令，这一次韦格纳要求被试描述自己昨天晚上梦境的内容。

实验结果显示，第一组被试梦见爱慕之人的数量是第二组的两倍。韦格纳通过这个结果得出了一个结论，即“反弹效应”可以影响人们梦境的内容。也就是说，如果你想要让什么出现在你的梦境中，那么就必须强迫自己在睡觉前 5 分钟内不要去想相关的人或事物。

做梦代表睡眠充足

人们往往错误地认为没有做梦就代表睡得好，事实上并非如此。如果一个人不做梦或是在醒来之后没有意识到自己做过梦，那么就说明他每天的睡眠都来不及进入快速眼动阶段，也许是在深睡眠阶段就被吵醒，睡眠周期根本就没有完成。在这种状态下清醒过来，意识往往会十分迷糊，头脑不清楚，根本无法立刻适应外在的环境。相反，那些睡眠充足且有梦境相伴的人，则可以在清醒之后感觉神清气爽。相关研究显示，如果人在睡眠不充足的情况下醒过来，意识状态相当于醉酒的时候。所以说，睡眠不足的人去开车事实上比酒驾更危险。总而言之，当你不做梦或是没有意识到自己做梦的时候，其实就是你睡眠质量不佳的信号，一定要重视起来，给自己充足的睡眠时间以及做梦的时间。

遗传决定性格吗

——同卵双胞胎研究

每个人都有自己的性格，而且是独一无二的。独特的性格究竟是如何形成的呢？遗传基因决定的，还是生活环境塑造的？心理学家为此费尽心思，看看他们得出了什么样的结论。

心理学的行为主义学派主张人的行为是被外在环境所决定的，甚至可以说行为主义者完全是环境决定论者。行为主义流派的创始人约翰·华生曾经说过一段很著名的话：“请给我十几个健全的婴儿，让我在我的特殊世界中对这些婴儿进行教养。我可以保证，在这十几个婴儿之中，我随便拿出一个婴儿来，不论他的父母能力、爱好、才能、职业以及种族是怎样的，我都可以将他训练成为一个领域的专家。我可以把他训练成一个医生、律师、艺术家或商界首领，甚至可以把他训练成为一个乞丐或窃贼。”

但在生活中，人们又常常这样说：某个人“像他父亲一样脾气暴躁”，或者“像他母亲一样多愁善感”。这说明人性格中的某些特征来自遗传。每个人身上或多或少都会存在像他的父母的某些性格特征。科学研究表明，从父母一方获得的遗传物质，即DNA可以决定子女的身体特征，也会影响子女性格的某些方面。因此，乐观，内向，胆怯这些性格表现都可能是从父亲或母亲的基因中遗传下来的。

1984年，英国剑桥大学的一些学者试图通过对豚鼠大脑刺激的研究来证明遗传和性格的关系。他们对一些经过处理的豚鼠胚胎进行实验，让一部分豚鼠的身上只带有雄性的基因，而另一部分则只带有雌性的基因。经过研究得出了这样的结论：雌性基因对孩子的智力发展起着决定作用，而雄性基因则主要影响感性和情绪。一些科学家把对豚鼠的实验结果大胆类推到人类的性格遗传上，认为：“一个人的性格特点中至少有一半是直接由基因决定的，大量的基因混合在一起，相互作用，产生综合效应，决定了某人的说话语气、风格以及脾气等。”

为了了解遗传和性格的关系，心理学家做了大量的研究。有人对巴赫家族的音乐才能进行调查后发现，在300多年的时间里，这个家族出了60位音乐家，其中20位享有盛名。说明这个家族中遗传着偏好音乐的基因。还有人对18世纪一位名叫卡库的人两次结婚的后代进行调查发现，他的前妻所生的后代中，189个人中只有46人智力正常，其余143人酗酒、犯罪、癫痫或是有精神病记录，而他与第二位妻子的496名后代中，几乎没有明显的不正常者。

当然，这些调查并不足以证明人的性格就一定是由遗传决定的。就像巴赫家族，也可能是音乐气息浓厚的家庭氛围在发挥着作用。也有人认为，一个人可以通过学习来获得一定的技能，比如，只要不是五音不全，耳朵对音调高低反应不灵敏的人都能够通过一定时间的学习而在音乐上达到一定的水平，但是要达到顶级水平，那还是要讲天分的。

为了更好地探索遗传对性格的影响，许多学者通过双生子性格的异同来研究性格和遗传基因的关系。双胞胎，尤其是同卵双胞胎（严格意义上讲，同卵双胞胎才是真正的双胞胎），他们要比异卵的双胞胎更为典型，他们有着相同的性别、相似的容貌，一般人第一眼往往认不出来。那么，双胞胎的性格会相同吗？同卵双胞胎是一个精子和一个卵子结合，形成受精卵后分裂为两个，并形成两个胚胎。由于他们出自同一个受精卵，接受完全一样的染色体和基因物质，所以他们的性别相同，容貌也十分相像，就像一个模子里刻出来的。

心理学家鲍查德和莱肯认为人的性格与基因有着十分密切的联系，而外在环境只起辅助作用，他们用科学的方法验证了这个结论。想要证明这个理论，鲍查德和莱肯就必须寻找两个基因相同，且从出生起就没有生活在一起的人。鲍查德和莱肯首先想到了早年分离且成长环境不同的同卵双胞胎。

虽然寻找满足这样条件的被试很困难，但是鲍查德和莱肯还是找到了。在实验人员的要求下，每一名被试都需要完成将近50个小时的测验。这些测验的内容涵盖范围十分广泛，几乎涵盖了一个人人格和性格特征的各个方面。被试需要完成四种人格特质量表、三种能力倾向和职业兴趣调查问卷以及两项智力测验。

鲍查德和莱肯为了了解被试家庭生活的状况，还让被试填写了一份家庭环境测量表以及他们对生父母或养父母教养方式的感受和态度。

最重要的是，被试在完成这些调查的时候都是相互独立的，鲍查德和莱肯这么做是为了避免每一对同卵双胞胎之间不经意中产生的相互影响。

这项调查产生了大量的数据和信息，鲍查德和莱肯通过研究发现，同卵双胞胎即使从出生开始就分开，并且在生活条件大相径庭的家庭环境中长大，其外表、基本的心理特征以及性格都会惊人的一致。鲍查德和莱肯认为之所以会出现这样的现象，完全是因为同卵双胞胎具有完全相同的遗传特质，也就是说他们的相同是因为基因的相似。

鲍查德和莱肯认为，这个实验结果完全否定了行为主义的环境决定论。不过，鲍查德和莱肯并没有提出基因决定论。他们认为人的性格是遗传基因和环境共同影响的结果，只不过这两者的影响有大有小而已。鲍查德和莱肯提出，当环境影响较小的时候，人与人之间的差异主要是基因决定的；相反，当基因影响较小的时候，人与人之间的差异主要是环境造成的。

在对双胞胎的研究中，人们惊奇地发现：有的双胞胎竟然相似得令人难以置信，甚至有一对双胞胎，他们娶了相同名字的妻子，喜欢喝同一种啤酒，为自己孩子取了同样的名字，但是他们在不同的国家长大，直到37岁才知道对方的存在。这样看来，有些相似之处确实令人感到意外。

这些双胞胎的个性十分相似，甚至幸福和快乐的水平也非常相似，即使他们是在完全不同的环境中长大的。很明显，同卵双生子的相关系数＞异卵双生子的相关系数＞非双生子同胞兄弟的相关系数。研究者认为，这些研究对象大致是一样的，但也并不是没有任何例外。如果看到这样的研究结果，人们会觉得既然从形成受精卵的那一刻起就已经注定了一切，那我们除了听天由命，还能做些什么呢？假如一个孩子读到这样一个研究结论，他一定会感到非常失望，他也许会觉得：“我的人生生来就是这样的，注定不幸。”

事实真的就如以上的研究结果说的那样吗？我们看看其他科学家说了什么。

1930 年，美国进行了一项大规模的研究，研究者把福利院中收养的同卵双胞胎的孩子送到条件差异比较大的家庭，让他们收养这些孩子，目的是研究同卵双胞胎在不同的成长环境中对性格和人生有什么样的影响。因为他们如果在同一个家庭中长大，在同一个学校，甚至同一个班级读书的话，那么人们可能会说："他们这么相似是因为有着同样的成长环境。"但是研究结果显示，即使成长环境差别较大，同卵双胞胎还是有着相同或者相似的经历，这说明决定人性格的 50％的因素是来自先天的遗传基因。

而如果同卵双胞胎的孩子在长大后性格不同，也是有一定原因的：虽然同卵双胞胎出生的时候具有完全相同的基因，但是科学家认为，敏感的环境因素似乎能够让双胞胎的性格随着年龄的增长开始表现出差异。年轻的双胞胎具有几乎完全相同的外形，但是他们的性格会随着年龄的增长而变得越来越不同。由于个人的情感经历等不同，这样先天具有相同性格倾向的同卵双胞胎在后天成长过程中会变得不一样。根据这一研究结果，我们可以说，遗传只是决定性格的一部分，而不是全部。

先天遗传与后天塑造

心理遗传学是遗传学中发展最慢的，该学说还没有系统化。现阶段的研究认为，性格一半来自遗传，一半来自后天。科学研究证明：遗传基因在很大程度上决定了我们的性格，但不是全部。后天环境和生活经历的影响同样举足轻重，即便是我们自身，面对性格问题也不是无能为力的。掌握科学的方法，在生活实践中自觉地塑造性格，弥补个性缺陷，发挥个性优势，并不是不可能的。

图书在版编目 (CIP) 数据

超实用心理学：揭秘经典的心理学研究 / 李娟娟著. —北京：中国法制出版社，2020.4

ISBN 978-7-5216-0833-5

Ⅰ. ①超… Ⅱ. ①李… Ⅲ. ①心理学—通俗读物
Ⅳ. ① B84-49

中国版本图书馆 CIP 数据核字（2020）第 021013 号

策划编辑：李　佳（amberlee2014@126.com）
责任编辑：李　佳　刘　阳　　封面设计：杨泽江

超实用心理学：揭秘经典的心理学研究
CHAO SHIYONG XINLIXUE: JIEMI JINGDIAN DE XINLIXUE YANJIU

著者 / 李娟娟
经销 / 新华书店
印刷 / 三河市国英印务有限公司
开本 / 710 毫米 ×1000 毫米　16 开　　印张 / 14.5　字数 / 217 千
版次 / 2020 年 4 月第 1 版　　2020 年 4 月第 1 次印刷

中国法制出版社出版
书号 ISBN 978-7-5216-0833-5　　定价：45.00 元

北京西单横二条 2 号　邮政编码 100031　　传真：010-66031119
网址：http://www.zgfzs.com　　编辑部电话：010-66054911
市场营销部电话：010-66033393　　邮购部电话：010-66033288
（如有印装质量问题，请与本社印务部联系调换。电话：010-66032926）

图书在版编目(CIP)数据
超实用心理学：揭秘经典的心理学研究 / 李娟娟著. —北京：中国法制出版社，2020.4
ISBN 978-7-5216-0833-5

Ⅰ. ①超… Ⅱ. ①李… Ⅲ. ①心理学－通俗读物
Ⅳ. ① B84-49

中国版本图书馆 CIP 数据核字（2020）第 021013 号

策划编辑：李　佳（amberlee2014@126.com）
责任编辑：李　佳　刘　阳　　封面设计：杨泽江

超实用心理学：揭秘经典的心理学研究
CHAO SHIYONG XINLIXUE: JIEMI JINGDIAN DE XINLIXUE YANJIU
著者 / 李娟娟
经销 / 新华书店
印刷 / 三河市国英印务有限公司
开本 / 710 毫米 ×1000 毫米　16 开　　印张 / 14.5　字数 / 217 千
版次 / 2020 年 4 月第 1 版　　2020 年 4 月第 1 次印刷

中国法制出版社出版
书号 ISBN 978-7-5216-0833-5　　定价：45.00 元

北京西单横二条 2 号　邮政编码 100031　　传真：010-66031119
网址：http://www.zgfzs.com　　**编辑部电话：010-66054911**
市场营销部电话：010-66033393　　**邮购部电话：010-66033288**
（如有印装质量问题，请与本社印务部联系调换。电话：010-66032926）